LNG 运输船舶通航风险定量评价方法及应用

文元桥　周春辉　邹春明　张　帆　著

科学出版社

北　京

内 容 简 介

本书根据液化天然气(LNG)的理化特性,LNG 散装运输船舶(LNGC)的结构特点、操纵特性和通航安全性需求,基于现代风险分析理论和方法,详细介绍 LNGC 通航风险的定量与定性评估理论与方法。主要包括 LNG 海上运输过程及风险因素分析,LNGC 通航风险识别与估计,LNGC 通航风险可接受标准的界定,LNGC 通航风险定量评价模型,基于风险定量评估的 LNGC 安全区设置方法、LNGC 锚泊安全区设置与安全航速控制方法等。

本书可作为航海科学与技术、交通信息工程及控制、交通运输工程、风险管理与控制等相关专业研究生的教材,也可作为从事 LNG 船舶通航安全管理、LNG 风险管理、水上交通管理、LNG 储运等领域的科研、设计、管理和工程技术人员的参考用书。

图书在版编目(CIP)数据

LNG 运输船舶通航风险定量评价方法及应用/文元桥等著. —北京:科学出版社,2018.6

ISBN 978-7-03-056820-5

Ⅰ.①L… Ⅱ.①文… Ⅲ.①液化天然气-天然气运输-运输船-通航-风险评价 Ⅳ.①TE835

中国版本图书馆 CIP 数据核字(2018)第 048752 号

责任编辑:魏英杰 / 责任校对:郭瑞芝
责任印制:张 伟 / 封面设计:陈 敬

科学出版社出版

北京东黄城根北街 16 号
邮政编码:100717
http://www.sciencep.com

北京中石油彩色印刷有限责任公司 印刷
科学出版社发行 各地新华书店经销

*

2018 年 6 月第 一 版 开本:720×1000 B5
2018 年 6 月第一次印刷 印张:13 3/4
字数:274 000

定价:90.00 元
(如有印装质量问题,我社负责调换)

前　　言

经济的发展带动了能源需求的不断攀升,解决能源带来的环境问题逐渐成为人们追求的核心目标。当前液化天然气(LNG)已经成为公认的清洁、高效、廉价的首选能源,其衍生的 LNG 运输产业正处于快速发展时期。LNG 散装运输船舶(LNGC)是目前 LNG 水上运输的主要载体,我国对 LNGC 的管理还有很大的发展空间,为适应我国 LNG 水上运输发展需求,评估 LNGC 通航风险对完善 LNGC 科学化管理具有重要的指导意义。

本书作者在国家海事局"中国沿海 LNG 船舶通航作业标准研究"和"长江中下游江海小型 LNG 船舶锚地设置研究"等多个科研项目的持续支持下,在 LNGC 通航风险评估方面取得了一系列研究成果和进展。部分研究的阶段性成果已在国内外期刊发表,应用研究成果已根据项目需求获得采纳和验收,反映出 LNGC 通航风险从定性分析到量化计算的完整研究过程,根据风险评估结果具有系统性和完整性。因此,希望将这些研究成果梳理,尽快介绍给读者,以期服务于当前我国 LNGC 运输行业。

国内外已针对 LNG 风险展开一列研究并取得阶段性进展,本书的特色在于将目前较成熟的研究方法进行总结,针对当前国内 LNGC 运输环境,研究提出 LNGC 通航风险定量评价方法,并应用于设置适于我国 LNGC 运输的风险管理标准。

本书主要内容在研究和出版过程中得到国家自然科学基金项目(51579204,51679180)的支持。全书由文元桥、周春辉、邹春明、张帆、肖长诗、杨雪、王乐撰写。在前期从事项目研究中,以及本书资料整理过程中得到了浙江海事局、中海石油气电集团有限责任公司的大力支持。同时,还得到了吴博、杨君兰、杜磊、甘浪雄、刘敬贤等的热情帮助,在此一并感谢!

　　LNG 船舶的通航安全保障是当前 LNG 海上运输研究的热点之一,希望本书的出版能够起到抛砖引玉的作用。

　　由于相关的理论和技术还在不断地完善和更新中,书中不足之处在所难免,恳请读者批评指正。

作　者

目　　录

第 1 章 概 述

1.1 LNG 海上运输

经济的迅猛发展促使能源的需求不断攀升,20 世纪以来,石油与煤炭一直是我国主要能源,此类能源的使用带来的环境问题逐渐严重,人们的环保意识不断提高。天然气作为一种公认的清洁、高效、廉价能源,引起公众的广泛关注。

由于天然气资源分布不均匀,天然气运输就成为保证天然气贸易发展的重要前提。因此,在整个天然气产业链中,运输是一个非常重要的环节。将天然气从产地运往市场的方法主要有管道运输和船舶运输。目前世界上约 70% 的天然气通过管道运输,但管道运输具有路线固定、费用昂贵的特点。统计表明,用长距离输气管将天然气送往用户,管道长度在 1600～3300km 才有经济效益。各大陆相距遥远,海下铺设管道难度大且成本高,因此成为制约天然气管道运输的一个重要因素。

在远距离的天然气运输中,以船舶为运输载体的海上运输是一种主要的形式。为了适应天然气的船舶运输,需将天然气经过低温冷却后形成具有低温性质的液态混合物,称为液化天然气(liquefied natural gas,LNG)。专门用于运输 LNG 的船舶称为 LNG 运输船舶(liquefied natural gas carrier,LNGC)。

LNGC 是实现天然气远距离保障的专用海上运输工具,这种方式具有很高的经济性。相对管道运输,LNGC 更加方便灵活,更适应多变的市场,被誉为"浮动的管道"。据统计,当运输距离超过 1600km 时,采用船舶运输比压力管道运输从安全性和经济性上具有更高的优越性[1]。在目前跨洋、跨海域的 LNG 贸易格局中,海上运输已成为运输主力。

　　LNG 的运输包括液化站、海上运输和接收站(再气化),这些环节密切相连、相互影响、相互协同建设、同步投产,称为 LNG 海上运输链。天然气液化站是液化天然气的场所,典型的天然气液化站包括液化和 LNG 装船码头。LNGC 是 LNG 海上运输的主要载体,是实现天然气远距离运输的专用海上运输工具。LNG 接收站是接卸、储存和再输送天然气的场所,是 LNG 海上运输链的最后一个环节。在这里,LNGC 经过升温、再气化后,经输气管道送至各用户终端。接收站通常由一个专用接卸码头和后方站区组成。接卸码头是为 LNG 船舶提供锚泊、进出港、靠离泊和装卸作业的港口设施。后方站区由工艺部分、公用工程部分及辅助部分组成。

1.2　国际 LNG 海上运输发展现状

　　国际 LNG 海上运输发展走向是全球 LNG 经济发展的风向标。2013 年,在全球 19 个主要 LNG 出口国和地区中,卡塔尔、马来西亚、澳大利亚、印度尼西亚、尼日利亚是前五大 LNG 出口国,在 18 个主要 LNG 进口国和地区中,日本、韩国、中国、印度位居前四[2]。根据国际天然气联盟(International Gas Union,IGU)和伍德麦肯兹等机构统计数据[3,4]显示,2014 年全球 LNG 贸易供应量为 2.46 亿吨,较 2013 年的 2.41 亿吨增长 2.1%。据 BG Group 有关 LNG 贸易展望报告,2014 年 LNG 交付量达到了 2.43 亿吨,连续第三年达到有效平衡。虽然亚洲进口 LNG 增长低于预期,受季节性需求疲软和经济增长放缓的影响,进口量仍有所增加。即便如此,对于现期船货的竞争很有可能减少,这将导致 LNG 现货价格下降。

　　图 1.1 显示 2014 年亚洲与拉丁美洲的 LNG 需求增加,并超过供应,但由于需求疲软,影响现货市场价格,低于 2013 年。

　　图 1.2 显示欧洲 LNG 进口量经过连续三年的下跌后,低于去年同期 33 万吨。这仍是自 2004 年以来进口量的最低值,与 2011 年的峰值相差 66 万吨。

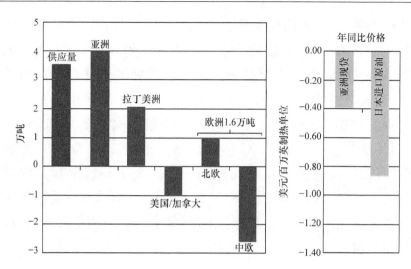

图 1.1　2013 年与 2014 年全球 LNG 贸易对比情况

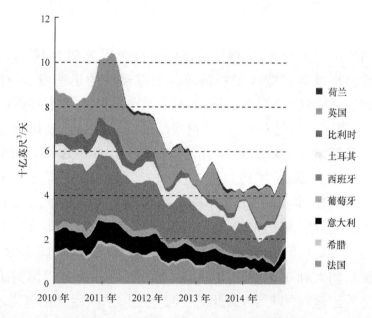

图 1.2　2010～2014 年欧洲 LNG 进口情况对比
（1 英尺=30.48 厘米）

　　从海上运输角度看,市场对美国未来数年将大规模出口 LNG 的预期,使相关 LNGC 建造合同创下历史纪录。尽管行业内 LNGC 的租船费率有所降低,但仍有 67 艘 LNGC 在 2014 年签署造船合同,其中韩国大宇海洋造船会社收获最大,获得包括亚马尔 LNG 项目 15 艘破冰

LNGC 在内的一系列造船合同。至 2015 年 5 月,全球服役和在建的 LNGC 共 510 艘[5],总装载量 7602.47 万 m³(附录 A)。大多数 LNGC 以定港口、定航线、定计划量的方式为一个单独的贸易合同项目提供海运服务,运输合同期为 20～50 年。可以说,LNG 海运市场是一个完全没有竞争的垄断市场。此外,目前只有少数国家具备承造能力,而日本、韩国几乎垄断了国际 LNG 船舶市场。根据 2015 年 5 月的数据显示,交付服役的前三位公司都在韩国(三星、大宇和现代),其次是日本三家公司(三菱长崎、川崎坂出和三井千叶)。中国 LNG 运输船建造属于后起之秀,排在第九位。如果按照订单来看,中国排在第三位,仅次于大宇和三星。

1.3　国内 LNG 海上运输发展现状

我国能源资源短缺,常规化石能源可持续供应能力不足,国内供应能力显然已难以满足能源消费需求。随着经济的迅速发展,能源消耗量不断增加,环境要求不断上升,此时天然气是解决以上问题的重要能源。然而,我国天然气有限,所以越来越依赖于进口。我国天然气供应 30％以上依赖进口,从 2006 年开始,我国开始进口 LNG,2006 年进口量仅为 69 万吨,2008 年进口量达到 334 万吨,占全国天然气消费的 5％,2009～2012 年我国 LNG 年进口量分别为 334 万吨、552 万吨、936 万吨和 1221 万吨,年均增长 53.4％。预计 2020 年,我国的 LNG 年进口量将达到 3000 万吨,在未来短时间内 LNG 进口量将持续增长[6]。我国主要从澳大利亚、中东等地区进口天然气,然而进口国的距离遥远无法满足管道运输的要求,因此需要海上运输来满足天然气需求。

我国 LNG 海上运输仍处于发展初期,LNG 运输船队规模尚小,自主运输能力有待进一步提高。LNG 海上运输在 LNG 产业链中扮演至关重要的角色,起着连接上游资源与下游用户间桥梁与纽带的作用,是 LNG 产业链中极其重要的环节。

目前我国已在多个沿海城市建立 LNG 接收站,截至 2016 年 5 月,主要建设情况详见附录 B。LNG 在中国能源消费中仅占 4％,与亚洲的平均水平 8.8%,以及世界平均水平 24% 相比,处于远远落后的位置,而在"十二五"规划中要求在 2020 年天然气消费要占总消费的 12%,所以在未来的 7 年里 40% 左右的天然气依赖于进口,LNG 海上运输具有重大战略意义。据预测,到 2020 年,中国或将形成一个拥有 30 艘以上大型 LNG 运输船舶的船队,若按照每艘 LNG 运输船舶每年 18 航次计算,中国自有 LNG 船队将能够承担超过 3300 万吨的 LNG 进口量,或将满足中国绝大部分的 LNG 进口需求。

　　作为能源消费大国和天然气增长最快的国家,能源安全是实现我国现代化的基本保证,确保 LNG 运输安全处于首要位置。我国政府高度重视能源安全问题,要求采用由国内买方负责运输的船上交货贸易方式进口 LNG,同时还要求各 LNG 项目以我国航运企业为主进行 LNG 船舶投资和运输管理,国内船厂承担 LNG 船舶建造,国内船级社参与船级、船检技术服务。

第2章　LNG与LNGC

2.1　LNG　简　介

LNG是天然气在经净化及超低温状态下(-161.5℃、一个大气压)冷却液化的产物。1 m³ LNG气化后可得约600 m³天然气,其液体密度约相当于水密度的45%,燃点约为450℃,是一种非常清洁的能源。天然气已经成为世界的主要能源之一,它与石油、煤炭一同称为当代世界能源的三大支柱。

2.1.1　LNG的理化特性

LNG的主要成分是甲烷,另含少量的乙烷、丙烷、丁烷,以及少量硫化物、水和其他非烃类杂质。按照欧洲标准BS EN 1160—1997的规定,LNG的甲烷含量应高于75%,氮含量应低于5%[7]。LNG的产地不同,其成分也不同,如表2.1所示。

表2.1　各国LNG中甲烷体积分数

产地	荷兰	文莱	阿尔及利亚	澳大利亚
甲烷体积分数/%	81.7	88.0	86.5	91.5

甲烷的理化性质如下。

① 气态比重:在标准状态下气态密度为0.717kg/m³。

② LNG密度:密度取决于其组分,通常为430~470kg/m³,甲烷含量越高,密度越小。密度变化与液体温度呈一定函数关系,温度越高,密度越小,变化梯度为1.35kg/m³。

③ 既能在临界温度以下加压液化,也能在常压下降温液化,在标准大气压下的沸点为-161.5℃。

④ 易燃易爆:LNG蒸气在空气中的爆炸浓度约为5.3%~14.0%。

⑤ 气化潜热大,热值高,约为510.25kJ/kg。

⑥ 无色、无味、无毒，溶于油，但基本不溶于水，对橡胶软化性强。

⑦ 化学性质稳定：与空气、水和其他液化气货品无危险反应。

2.1.2　LNG 的危险性

为方便船舶运输，一般将天然气冷却至约 -161.5 ℃，天然气由气态变成液态，其体积约为同量气态天然气的 1/600。在 LNG 的海上运输过程中，LNG 的危险性主要体现在如下方面。

（1）易燃和易爆

天然气不论是气态还是液态，均属于高度易燃易爆的物质。天然气在空气中浓度达到 5%～15% 时，遇到明火可发生爆燃。LNG 闪点极低，闪点在 -175℃，沸点是 -160℃，极易蒸发，爆炸下限为 3.6%～6.5%，上限为 3%～17%。引燃所需要的点火能量也非常低，通常小于 1MJ，而且 LNG 在燃烧时很可能伴随爆炸的发生。当气态烃化物与有氧气体按照一定的比例混合后形成爆炸性气体，遇到明火就有可能发生爆炸，并形成蒸气云爆炸（vapor cloud explosion，VCE）。LNG 爆炸极限的上限会随着压力的升高而有明显的提高，使爆炸范围增大，并产生"爆轰"现象。LNG 火焰的传播速度快；质量燃烧速率非常大，为汽油的 2 倍左右；火焰的温度高，易形成较大面积火灾；具有复爆性、难于扑灭的特点[2]。

LNG 海上泄漏会形成一个 LNG 液体池，其挥发时会形成一个比空气重的蒸气云。如果没有立即点火，可燃性气体云会随风飘移，在海面扩散，甚至飘进周边的陆地区域。当在它的最高和最低可燃性范围内（体积比 5%～15%）遇到火源时，蒸气云会迅速燃烧形成闪火。火焰会回燃到 LNG 液体池，并在 LNG 泄漏点附近造成池火。处于闪火内或接近池火的人会由于燃烧和热辐射而受伤，甚至死亡[3]。

此外，LNG 一旦泄漏就会立即沸腾气化，与空气混合形成可燃性云雾，当这种云雾的浓度处于 5.3%～14.0% 爆炸范围时，遇到火源将发生爆炸，产生冲击波，对周围的人员和设施造成一定的损伤或破坏，即蒸气云爆炸。同时，蒸气云爆炸后，极可能造成其余的 LNG 储罐内低温深冷储存的液化天然气突然瞬态大量泄漏，遇到正在燃烧的火源发生爆炸。这种加压储存的可燃液化气体突然瞬间泄漏时,遇到火源会发生剧烈的燃烧,产生巨大的火球,造成人员伤亡和财产损失,称为沸腾液体扩展蒸气爆炸(boiling liquide xpanding vapor explosion,BLEVE)。

因此,假如发生 LNG 火灾爆炸事故,对船舶、港口和其他设备将造成非常巨大的破坏,后果非常严重。

(2) 窒息

甲烷对人体无害,但却是一种窒息剂。LNG 挥发时其体积膨胀600 倍以上,会迅速占据有限空间内的空气组分。当人处于高含量甲烷的环境中时,就有可能发生窒息。窒息事故多数发生在 LNGC 上。

(3) 低温冻伤和结构毁坏

首先,具有对人体的危险性。LNG 是一种低温的液化气体,一旦泄漏,与人体接触时会吸收大量的热,导致体温迅速下降从而冻伤皮肤。LNG 对人体的危害性来源于其自身的低温性质,因此一旦皮肤上沾到 LNG 就应立刻用冰块降温,然后迅速擦去液化天然气。

其次,具有对船体的危险性。LNGC 的建造过程要求非常严重,并且监管程序很高,因为 LNG 本身低温的特性对船体的危害非常严重。LNG 超低温的货物会造成普通船舶因局部冷却发生船舶脆裂而失去延展性,从而危及整个船体[4]。也正是这个原因,LNGC 的建造要求非常严格,因为 LNGC 的建造材料要能够承受低温的影响,否则会造成无法弥补的损失和巨大的危害。LNGC 液货舱的建造要采用镍钢、铝合金等材料,以此保证 LNGC 的安全性。

最后,还具有压力危险性。液化气受热膨胀系数非常大,LNG 体积为同量气态天然气体积的 1/600 左右,LNG 的重量仅为同体积水的 50% 左右。LNG 在常温下极易气化,不可避免地会导致液货舱内的压力和温度升高。由于 LNG 存储管道及设备,也因为 LNG 的低温而易吸热,随着温度升高,LNG 的蒸气压也会迅速增大。LNGC 在装卸作业中,液态的天然气处于沸腾状态,液体上方是蒸气并有相应的饱和蒸气压力。为防止空气漏入,货物系统内都是正压。外界热量会不可避免地渗入,外界传入的能量能引起 LNG 的蒸发,使货舱温度升高,液体蒸发量增大,舱内的蒸气压力增加。LNG 贮存必须维持一个非常低的日蒸发率；否则，蒸发的过度增加将使贮存温度和压力过快的上升，而过高的压力会对液货舱的结构造成极大的损伤，直至贮存罐破裂。

（4）快速相态转变

当较热液体和较冷液体之间的温差足以驱动冷液体迅速达到其过热极限的时候，就会出现快速相变（rapid phase transitions，RPT），从而引起冷液体自发的快速沸腾。当低温 LNG 与一种热液体，如水接触而被突然加热的时候，就可能出现 LNG 的快速沸腾气化现象，导致局部超压释放。这种现象的影响将局限在溢出源附近，对设备和构筑物造成巨大的损害。

RPT 现象具有爆炸的特性，但 RPT 爆炸是物理爆炸，不是由可燃物燃烧引起的爆炸。这种快速相变在金属加工过程中很常见，如水流到熔化的金属上。然而，水流到熔化的金属上的温度差（400～500℃）比 LNG 流入水中的温度差（175℃）高很多，水由液化变成气体的膨胀比（约为 1200 倍）比 LNG 变成甲烷气体的膨胀比（约为 600 倍）大。同时，RPT 影响是有限的。爆炸的强度远小于爆轰（超声速），压力冲击波更有可能接近爆燃（相当于声速或小于声速），不会引起船体大的结构件破坏。

此外，LNG 从水下泄漏（如碰撞引起的水下泄漏或船底泄漏）会由于压强差的作用而运动至水面，该过程中 RPT 的作用则可能扩大事故后果。对于已经发生的重大泄漏事故，RPT 的影响相对较小。

2.2　LNGC 简介

LNG 运输始于 1959 年，当时世界上第一艘 LNGC"甲烷先锋号"将 LNG 从美国路易斯安那州的查尔斯湖运往英国肯维岛。从第一艘 LNG 船投入商业营运，至今 LNG 的海上运输已有 50 多年历史。LNGC 是在低温下运输 LNG 的专用船舶，是高技术、高难度、高附加值的"三高"产品，被称为海上超级冷冻车。

2.2.1 LNGC 分类

根据 IGC Code（国际散装运输液化气体船舶构造和设备规则）的分类，LNGC 的分类如图 2.1 所示。

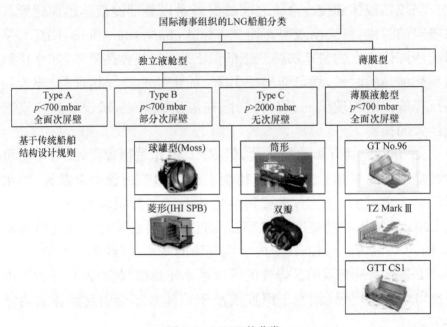

图 2.1　LNGC 的分类

LNGC 根据不同的分类方式，可以分为不同的类型。

1）根据货舱系统分类

LNGC 根据货舱系统（cargo containment system）一般分为两类。

（1）薄膜型（membrane type）

薄膜型属 IMO Type A 型。薄膜型又根据薄膜种类不同分为三类。

① TZ：Technigaz Mark I/II/III，由法国 Technigaz 公司研制。

② GT：Gaz Transport No. 82/85/88/96，由法国 Gaz Transport 公司研制。

③ GTT CS1：Combined System，结合了 TZ Mark III 和 GT No. 96 货舱的特点，因 Gaz Transport 与 Technigaz 于 1995 年合并为一家，称 GTT。

　　薄膜液货舱(图 2.2)具有主屏壁非常薄、次屏完整,能够保证主屏壁泄漏时货物维护系统的完整性;液货舱的绝热材料被安装在船体内部,具有良好的绝热性和强度;不可预先加工许多部件,但易制造,具有制造时间较长等特点。

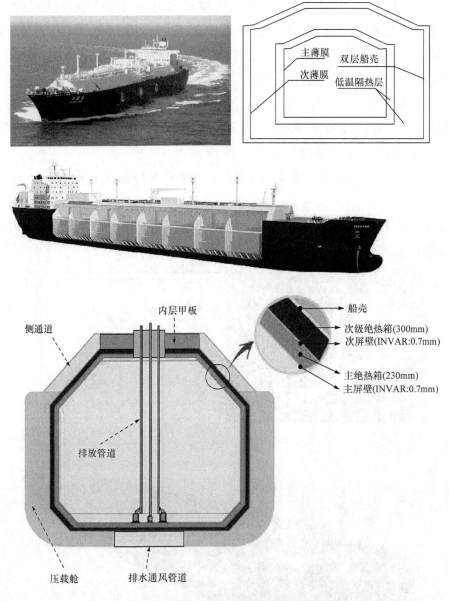

图 2.2　薄膜式 LNGC 及其薄膜式货舱

（2）独立液舱型（independent type）

独立液舱型又称自支撑型（self-supporting type），属 IMO Type B 和 IMO Type C 型。自撑式 LNGC 的液舱完全由自身支持，并不构成船体结构的一部分，是完全独立的液舱。其主要特点有：独立舱体，其变形不直接作用于船体；各部分液货舱可分开建造，造船周期短；没有应力集中现象，可以吸收货物进出造成的热胀冷缩等变形；选用部分次屏壁，能够保证即使在发生碰撞时，LNGC 的泄漏量维持较低，但船受风阻面积大。独立液舱型根据液舱的形状又分为三种。

① A 型独立液舱。A 型独立液舱形状通常为棱柱形或 IHI SPB 型（SPB-self-supporting prismatic IMO Type B，由日本石川岛播磨重工研制）。A 型独立液舱结构如图 2.3 所示。

② B 型独立液舱。常见的 B 型独立液舱为球罐型（moss spherical，由挪威 Moss Rosenberg 公司在 20 世纪 70 年代研制，现技术由挪威的 Moss Maritime 公司掌握），具有很好的抗疲劳性和抗裂性，使用更加安全，结构如图 2.4 所示。

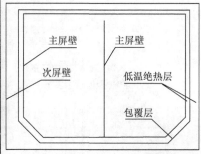

主屏壁　　　主屏壁

次屏壁　　　低温绝热层

包覆层

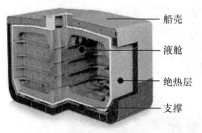
船壳
液舱
绝热层
支撑

内部结构

液舱总布置

图 2.3　自撑式 A 型独立液舱

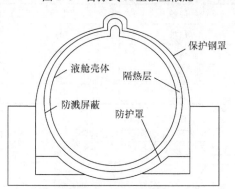
保护钢罩
液舱壳体
隔热层
防溅屏蔽
防护罩

图 2.4　自撑式 B 型独立液舱

③ C 型独立液舱。C 型独立液货罐属半冷半压式压力容器,为卧式圆柱形,通常有球形、半圆筒、双圆筒罐三种形式,如图 2.5(a)～图 2.5(c)所示。表 2.2 对三种货罐的优缺点进行了比较。

表 2.2　三种货罐优缺点比较

比较项	球形	单圆筒	双圆筒
舱容利用率	最差	中等	优
建造难易	稍难	易	难
总体性能	差	中等	较好
重量	小	大	一般
设计技术计算	易	中等	难

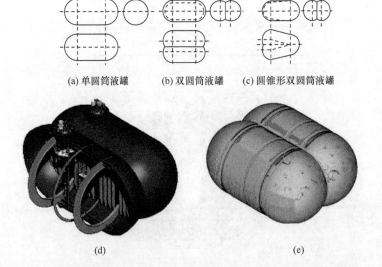

(a) 单圆筒液罐　　(b) 双圆筒液罐　　(c) 圆锥形双圆筒液罐

(d)　　　　　　　　　　　　　　(e)

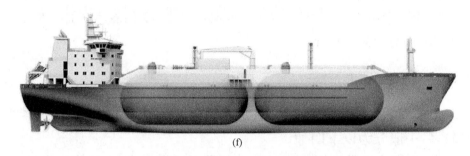

(f)

图 2.5　LNGC 独立 C 型液货罐形式

从总体上看,薄膜式 LNGC 的船型性能要优于自撑式 LNGC,但自撑式 LNGC 有自身的特点,如球形 LNGC 具有货物装载限制较少等使用操作上的优点,在早期的 LNG 海运中,球形 LNGC 占有较大优势。C 型 LNGC 主要应用于小型 LNGC 上,菱形 LNGC 则应用较少。各类 LNGC 的使用情况如表 2.3 所示。

表 2.3　不同类型 LNGC 的使用情况

薄膜式	自撑式 A	自撑式 B	自撑式 C
广泛应用	很少应用	广泛应用	广泛用于小型 LNGC

2）根据货物系统分类

① 传统 LNGC。

② 具有再液化装置的 LNGC(reliquefication LNGC)。

③ 具有再气化装置的 LNGC（LNG regasification vessel,LNG-RV）。

3）根据动力系统分类

① 蒸气推进(steam turbine)。

② 双燃料柴油机(due diesel engine)。

③ 双燃料柴油机＋电力推进(dual fuel diesel electric,DFDE)。

④ 燃气轮机(gas turbine)。

4）根据货舱容积分类

① 小型 LNGC：$<50\ 000\text{m}^3$。

② 中型 LNGC：$50\ 000\sim125\ 000\text{m}^3$。

③ 大型 LNGC：$125\ 000\sim165\ 000\text{m}^3$。

④ 超大型 LNGC：＞165 000m³，典型的如 Q-Flex 型（210 000m³）和 Q-Max 型（260 000m³）。

2.2.2　LNGC 动力系统

传统商船使用的发动机主要是柴油机，而 LNGC 的发动机种类相对较多，一般分为以下四种。

① 蒸汽轮机是利用蒸汽的热能转化为动能来做功的热力发动机。这类动力系统的最大优势在于结构设计简单、布局紧凑，工作可靠性强，寿命长。

② 双燃料柴油机是可以使用蒸发气和柴油作为主要燃料的发动机。使用蒸发气作为燃料，可以降低传统做法中将蒸发气再液化的能量消耗，同时减少对其他燃料的需求，因此可以承载更多的天然气。

③ 双燃料柴油机＋电力推进的船舶采用双燃料柴油机＋电力推进动力方式[8]。该推进方式动力装置占用空间小，布置灵活，载货空间大。

④ 燃气轮机以连续流动的气体为工质带动叶轮高速旋转，将燃料的能量转变为有用功的内燃式动力机械，是一种旋转叶轮式热力发动机。燃气轮机具有结构较简单，运行平稳，润滑油消耗少，排气污染小的特点。

LNGC 采用的四种动力系统，各自的主要优缺点比较如表 2.4 所示。

表 2.4　LNGC 四种动力系统优缺点的比较

动力系统	优点	缺点
蒸汽轮机	1. 能够安全可靠地处理蒸发气体 2. 单机输出功率高 3. 维护、保养较为简单、经济 4. 动力系统的可靠性强	热效率低
双燃料柴油机	1. 能够安全可靠地使用两种燃料 2. 热效率高、耗油低 3. 排放低、较环保 4. 能充分利用运输过程中产生的 BOG	可选择空间小

续表

动力系统	优点	缺点
双燃料柴油机＋电力推进	1. 热效率高、耗油低 2. 排放低,较环保 3. 电力拖动,机动性能好	设备的增加提高了船舶造价
燃气轮机	1. 可靠性高 2. 重量轻,单位重量功率大 3. 体积小,可增加载货量 4. 具有模块化结构特性,可维修性好	价格较高

2.2.3　LNGC 货舱的围护结构

由于 LNG 极易气化,对货舱的隔热性能要求严格,不同的货物围护系统采用不同的隔热方式。目前主要有三种货物围护系统,即法国的 Gaz Transport Technigaz(GTT 型薄膜舱)、挪威的 Moss Rosenberg(Moss 型球型舱)及日本的 SPB 型(前身是菱形舱 Conch 型)。

1. Moss 型 LNGC

Moss 型如图 2.6 所示,LNGC 球罐采用铝板制成,组分中含质量分数为 4.0%～4.9% 的镁和 0.4%～1.0% 的锰。板厚按不同部位在 30～169mm。隔热采用 300mm 的多层聚苯乙烯板。

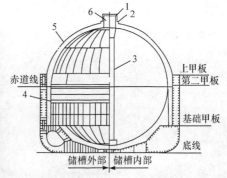

1-顶罩 2-膨胀橡胶 3-管塔 4-舱裙 5-储槽包复 6-槽顶

图 2.6　Moss 型 LNGC

2. GTT 型 LNGC

薄膜型 LNGC 的开发者 Gaz Transport 和 Technigaz 已经合并成一家,故将改型船称为 GTT 型,如图 2.7 所示。薄膜型围护系统由双层船壳、主薄膜、次薄膜和低温隔热组成[9]。薄膜内应力是由静应力、动应力和热应力三部分组成。

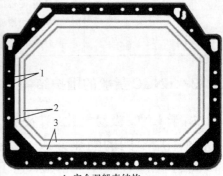

1-完全双船壳结构
2-低温屏障层组成(主薄膜和次薄膜)
3-可承载的低温隔热层

图 2.7　GTT 型 LNGC

3. SPB 型 LNGC

SPB 型如图 2.8 所示,它前身是菱形舱 Conch 型,是由日本 IHI 公司开发的。该型大多用在液化石油气船上,建造并已运行的 LNGC 仅两艘。

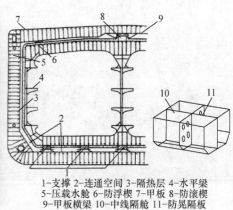

1-支撑 2-连通空间 3-隔热层 4-水平梁
5-压载水舱 6-防浮楔 7-甲板 8-防滚楔
9-甲板横梁 10-中线隔舱 11-防晃隔板

图 2.8　SPB 型 LNGC

4. LNG 罐式集装箱

LNG 罐式集装箱是指集装箱框架与内部 LNG 容器的连接体。罐箱的整体外形尺寸符合 ISO 集装箱的标准[10]，内部是 LNG 容器。LNG 罐式集装箱的整体结构是在国际标准集装箱框架内安装高真空多层绝热低温液体贮罐。罐体与集装箱框架采取的是底部纵梁和端部圆弧板，从而保证了整体结构的可靠与牢固[11]。

罐箱的种类在《国际海运危险货物规则》中规定有 25 种，分别是 T1～T22、T23、T50、T75。不同的货物用不同箱型的罐箱储运，T75 冷冻液化气体罐箱适合装载 LNG，如表 2.5 所示。

表 2.5　罐箱的分类

箱型	名称	可装载货物
T1～T22	常规化工品罐箱	液体化学品、油化产品、食用液体，以及粉状和颗粒状物资
T23	有机过氧化物罐箱	液体有机过氧化物
T50	非冷冻液化气体罐箱	液化石油气、丁二烯、二甲烯、异丁烯等 70 多种介质
T75	冷冻液化气体罐箱	冷冻液化天然气、液体二氧化碳等冷冻液化气体

罐式集装箱的优点是安全、经济、环保、便利，可以代替桶装及其他的小包装，减少浪费且更加安全，可以通过甩挂运输，实现多式联运，方便快捷。

2.2.4　LNGC 结构特点

LNGC 是近半个世纪来出现的船种，其主要结构特征与普通船舶类似，典型 LNGC 的要素范围如表 2.6 所示。LNGC 规模与船舶尺度的拟合分析如附录 C 所示，可以看出，LNGC 长度和宽度随着船舶载货量的增大而增大，而设计吃水在 LNGC 载货量超过 20 万 m^3 后就不再增大。

表 2.6　LNGC 主要参数范围

船舶要素	参数范围
两柱间长 L/m	70.41～345.28
船宽 B/m	12.7～53.83
型深 D/m	6.2～29.63

续表

船舶要素	参数范围
吃水 T/m	3.2～12.2
总吨位* GT/t	1599～163 922
主机功率 P/kW	1764～39 900
船速 V_s/kn**	12.7～21

* 按吨位规范丈量核定的船舶总容积。

* * 1kn＝1.852km/h。

LNGC 代表船型参数如表 2.7 所示。

表 2.7　LNGC 代表船型参数

参数	舱容(100％)/万 m³									
	8	14.2	14.5	14.7	16.2	17.5	20.3	21.5	25	25
总长/m	239	289.5	292	288	293	305	335	325	369	332
两柱间长/m		277		274	277.4	290	320		345	318
型宽/m	40	48.4	43.35	49	42.25	48.5	51.5	50	55.7	51
型深/m	26.8	26.5	26.25	26.80	26.40	27.3	29	28	31.7	30
满载吃水/m	11	11.59	11.45	11.70	11.65	12	12.0	12.0	12.8	13.5
压载吃水/m		9.4		9.2	9.8		9.5		10	
排水量/万 t		10.45		10.95	11.0	12.5	15.25		17.25	
受风面积/m²		8300			8600	9000	10 000		13 000	
缆绳数量		16			16	16	20		20	
系缆力/t		100			104	120	145		165	
舱数	4	4	4	4	5	5	5	5	5	5
长/宽	6.0	5.98	6.74	5.89	6.93	6.29	6.5	6.5	6.62	6.51

为了满足 LNG 运输的特殊安全性，根据国际法规和船级社标准，LNGC 的设计应针对 LNG 可能的泄漏提供相应的保护。其设计特点包括双层船壳、抗低温材料制成的船舱容器、液泵与阀门自动关闭系统、隔离舱中设有泄漏探测系统，以及与 LNGC 安全运输和操作相关的备用安全系统等。典型 LNGC 的结构要求如图 2.9 所示。不同尺度 LNGC 的设计结构总体具有如下特点。

① 总体设计与油船相似，呈艉机型，液货舱位于船舶中部，占船舶长度的2/3～3/4。平甲板 LNGC 与普通油船难以区别，但对于具有高

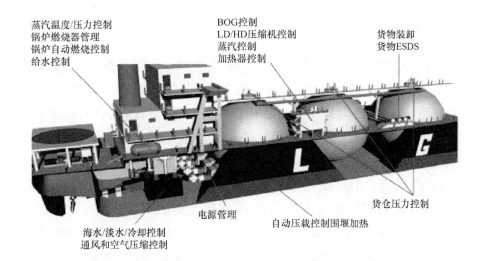

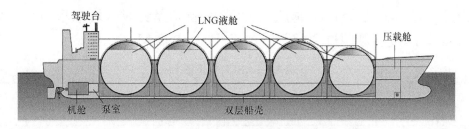

图 2.9   典型 LNGC 船体结构示意图

出甲板的球形、圆柱形液货舱的 LNGC,则易于识别。

② 为了防止 LNGC 因搁浅或碰撞等事故造成天然气泄漏和爆炸,LNGC 船体大都采用双层船壳设计。双层船壳之间填充惰性气体,安装有防爆监测装置。前部有碰撞分隔舱。数个货舱(储罐)位置分开。

③ 在 LNG 运输过程中,每天大约有 0.15% 的 LNG 发生气化成为蒸发气,这将对船舶的安全产生影响。因此,一部分船舶将蒸发气作为蒸汽轮机的补充燃料。柴油推进方式也是一部分船舶的选择,但是蒸发气液化、回收额外需要占用船舶空间。此外,还有一部分船舶采用燃气轮机作为动力源。

④ 轮机房远离货舱(储罐),船上配备火灾探测和灭火设施(如洒水装置)。

⑤ 由于 LNG 货物的密度较低、液货舱不能作为压载舱,LNGC 的干舷一般较高。因此,船舶在运动中易受风的影响,且视线盲区较大。

2.2.5 LNGC 发展趋势

根据克拉克松的统计数据,2015 年末全球 LNG 船规模继续增长,达到 440 艘,累计舱容 6400 万 m³,与 2014 末船队规模 412 艘、累计舱容 5980 万 m³ 相比,增长 6.8%。在以上 440 艘现有船队中,最大舱容为 266 000m³(服务于卡塔尔至英、美航线),最小舱容为 18928m³(未计内河及短程运输小船),有 407 艘舱容在 14 万 m³ 以上,占整个船队的 92%。由此可见,当前 LNG 船队大型化非常明显,而目前的手持订单和新签订单绝大部分也为 17 万 m³ 级的超大型 LNG 船。

自 1965 年第一条 LNGC 投入运营,至今已 50 余年。现有的 LNGC 以 12~16 万 m³ 的船型居多,中小型 LNGC 数量较少,如表 2.8所示。最近几年,LNGC 建造越来越趋于大型化,特别是针对卡塔尔项目,贸易方建造了 40 多艘超过 20 万 m³ 的 Q-Flex 和 Q-Max。

表 2.8 LNGC 规模统计

船舶规模/m³	数量/艘
<65 000	25
65 000~89 880	14
122 000~129 999	43
130 000~139 999	93
140 000~149 999	82
150 000~159 999	42
160 000~169 999	15
170 000~177 000	14
210 000~217 000	32
261 700~266 000	13

受国际油价和全球经济的影响,LNG 船新签订单和 LNG 船租金大幅下滑,但是全球 LNG 贸易量却未出现下降,相反有轻微的增加。从 2011 年开始,世界 LNG 贸易量便停止高速增长,而全球 LNG 船队运力仍在直线上升,难以避免导致运力过剩,这也是 LNG 船日租金大幅下滑的主要原因之一。就 LNG 运输业的发展现状来看,随着 LNGC 运力的逐渐增大,运价将继续下跌[5]。

　　随着世界各国对清洁能源需求的不断增加,全球能源结构也在发生重大变化,世界第一大能源(石油)的消费增速正在逐渐放缓并趋于稳定,而气体能源消费量(主要是天然气和石油气)正在直线上升,有机构预测气体能源消费量将在 2037 年前后超越石油成为全球第一大能源。虽然由于当前油价低迷,航运停滞,经济不景气,能源结构变革的进程受到一定影响,但是大趋势不会被改变。

　　总体而言,受大环境的影响,当前 LNG 船市场并不乐观,除了 LNG 的需求受到低油价的压制,LNG 船队自身存在较为明显的运力过剩,导致运费大幅下降,上游 LNG 项目投资也大面积推迟,可以预见接下来的几年这种局面不会有大的改观。

第3章 LNGC通航特性及通航要求分析

3.1 LNGC操纵特性分析

3.1.1 大型LNGC操纵特性

考虑到大型LNGC主要适航于沿海及大洋环境,因此要求其操作特性满足相应的工作环境。本节对现有从事远洋航行运输的LNGC船型尺度数据进行搜集和整理,从船舶尺度的角度分析,得出大型LNGC主要操纵特征。

1. 快速性

从图3.1船舶尺度比分布图中可以看出,现有LNGC的L/B值基本分布区间为[5.0,8.0],且分布分散,总体上L/B值大于5.5,快速性能好;舱容10万 m³ 以上船舶的L/B值较为集中,主要分布在5.5～7.5。特别是,20万 m³ 以上船舶的L/B值在6.5左右,是典型快速船。这是由于LNG运输大多为定船运输,航线、港口比较固定,并具有准确的班期,因此其L/B值相对较高,快速性要求比一般的散货船、油船(4.5～6.0)高。

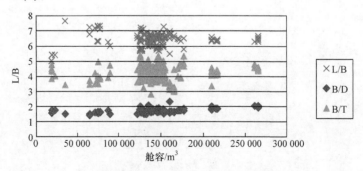

图3.1 现有LNGC尺度比分布图

2. 稳性

B/T值主要反映船舶的稳性,其值增大,初稳性越好,对改善船舶初稳性和船舶横摇周期有利,但当 B/T 值过大时,使甲板入水角减小,对大倾角稳性不利,因此 B/T 取值应适中。从图 3.1 可知,LNGC 的 B/T 值分布在 3.0～5.5,这与常规货船的分布范围一致,即稳性与一般货船区别较小。通常 B/T>3.5 的船型被称为宽浅吃水船,从 B/T 值分布情况看,大型 LNGC 有宽浅吃水船特征。

B/D 值主要反映船舶的稳性及安全性,当 B/D 值较小时,稳性较强。从图 3.1 可知,LNGC 的 B/D 值较小,分布在 1.0～2.0,稳性及安全性较高。这是由于 LNG 液货舱存在晃动问题,船舶的稳性、安全要求高,设计时按富裕干舷船设计,干舷取值一般较大,所以 B/D 值相对较小。

3. 耐波性和操纵性

从图 3.1 中,B/T 值的分布情况看,LNGC 的 B/T 值较大,即船宽较大,对增大横摇周期有利。在图 3.1 中,LNGC 的 L/B 值也偏大,即船长偏长,对船舶纵摇、航向稳定性有利,但对船舶的回转性不利。

根据 LNGC 型尺度分析可知,LNGC 有较强的快速性、稳性、耐波性和航向稳定性,但船舶的旋回性相对较差,属于宽浅吃水船,船舶设计航速较高。LNGC 冲程图如附录 D 所示,其主要操纵特性如下。

① LNGC 的盲区一般较大,以 C 型 LNGC 为例,盲区一般为 3 倍船长,因此瞭望相对困难,避让时受可航水域影响较大。

② LNGC 吃水深、干舷较高、船型宽,受风流影响比其他船型更加明显,航向稳定性差。其中自撑式 LNGC 受风阻面积较大,影响较为明显,航向稳定性差;薄膜型 LNGC 受风阻面积较少,航向稳定性较强。

③ 船的长宽比较大,即船长偏长,对船舶纵摇稳定性有利,但对船舶的回转性不利,旋回半径大,操纵不易。

④ 在港口航道的浅水效应、岸吸及岸推作用十分明显,操纵性能降低。

⑤ 在低速时舵效明显减低,舵效较差;淌航中丧失舵效的时机较早;转向较为困难,需用大舵角加车克服。

⑥ 船速较快,船舶质量大、惯性大、冲程长,对港口航道条件有一定

要求。

⑦ 大部分 LNGC 配备有艏侧推器，但马力不大或不能使用。

⑧ 具有汽轮机停车和倒车时间长的特点。

3.1.2　小型 LNGC 操纵特性

小型 LNGC 是相对于大型 LNGC 而言的，通常是指容量在 3 万 m^3 以下的 LNGC。小型 LNGC 并不是大型 LNGC 的尺度缩小，二者在货舱区的结构形式及配套设备上存在着本质差别，主要体现在货物围栏系统上。小型 LNGC 通常采用 C 型独立货舱，具有技术成熟、维护费用低等优势[12]。小型 LNGC 主要从事沿海和内河环境下的运输工作，多为江海直达型。

江海直达型 LNGC 具有以下基本特点[13]。

① 尺度大。因 LNG 货比重小（约 0.45t/m^3）与相同载重量的其他船舶相比，运输船的船舶尺度大。

② 吃水浅，受风影响大。吃水与型深比小于 0.5，江海直达型 LNGC 属于浅吃水船，其水上体积庞大，风阻力十分显著。

③ 盲区大。由于船舶通常设计为尾机型船，LNGC 的干舷高，因此船舶空载时盲区较大，避让时受可航水域影响较大。

④ 追随性和航向稳定性差。由于 LNGC 吃水浅，型深高，受风面积大，其航向稳定性比超大型油轮更差，相同条件下船舶保向能力差。

从船体线型来看，江海直达型 LNGC 一般船艉较为丰满，采用双桨（图 3.2），艉部水线变化趋缓和，相比单桨线性，会获得更好的阻力性能，且双桨与传统船舶相比减少了约 20% 的压载水需求，从而提供更大的货物空间。

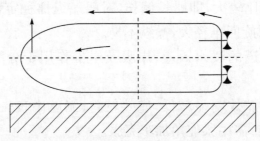

图 3.2　双桨叶舵船停靠示意图

江海直达小型 LNGC 采用双桨双舵直接推进的模式,设计与之匹配的双艉鳍船体线,可以良好的适应江海环境船舶布置特性,同时配备艏侧推系统可方便船舶靠离码头的操作。

3.2　LNGC 通航安全性分析

3.2.1　LNGC 危险区

所谓 LNGC 的危险区,是指在 LNGC 发生泄漏事故条件下,LNG 火灾可能威胁到的区域。确定 LNGC 的危险区是 LNG 接收站设计,以及 LNG 船舶通航影响分析的重要依据。

根据美国 Sandia 国家实验室的研究报告(*Guidance on Risk Analysis and Safety Implications of a Large Liquefied Natural Gas Spill Over Water*),LNGC 的危险区可以根据灾害事故发生时在某段时间单位面积内的热流量(heat flux)来划分为不同的区域,划分标准如表 3.1 所示。

表 3.1　LNG 船舶危险区边界定义

区域	热流量(10 分钟接触时间)	依据
Ⅰ区	37.5kW/m²	非常可能对结构物造成重大伤害或显著危害
Ⅱ区	5 kW/m²	可能造成伤害或者一定的危害
Ⅲ区	达到可燃浓度下限(5%)	LNG 蒸汽能够被点燃的最外区域

三类危险区的范围与 LNGC 的容量和可能的泄漏量有关。根据 Sandia 的研究,一般情况下,对于意外的事故性泄漏(Accidental LNG Spills),Ⅰ区的范围约为船舶周围 250m;Ⅱ区的范围约为船舶周围 250～750m,Ⅲ区的范围则在船舶外围 750～1500m。对于较大量的故意性泄漏(intentional LNG spills),Ⅰ区的范围约为船舶周围 500m;Ⅱ区的范围约为船舶周围 500～1600m,Ⅲ区的范围则在船舶外围 1600～3500m。

3.2.2　LNGC 事故统计分析

DNV、Lloyds、SIGTTO、OSC 和 Douglas Westwood 等组织多年来

对 LNGC 事故进行了追踪研究,迄今有较详细记录的 LNGC 事故共有 45 起,其中 1965、1979、1980、1985 和 2006 年发生的事故达到 3 次,最高的是 1974 年,达到 5 次。

根据事故的统计结果,LNGC 的主要事故类型有 7 类,如图 3.3 所示。从结果看,各类事故出现的次数无明显差别。发生最多的是出现 LNG 系统故障和船舶碰撞,各占 17.8%。最少的是系泊松动。船舶设备故障占总事故数的 11.1%,由主机失效、舵机故障,以及失电等引起。

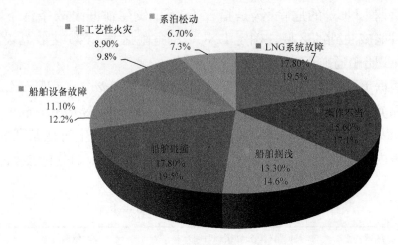

图 3.3　各类事故所占比例

为了更清楚的理解 LNGC 各类事故随时间的变化状况,将全球事故案例作统计后可以得到表 3.2。

表 3.2　全球事故案例统计表

周期		1964～1975 年	1976～1985 年	1986～1995 年	1996～2006 年	1964～2005 年
每船年发生的事故数		116	585	770	1367	2838
一般性船舶事故	事故数	4	70	14	21	109
	事故发生频率/%	3.40	12	1.80	1.50	3.80
LNG 特有事故	事故数	11	28	8	2	49
	事故发生频率/%	9.50	4.80	1.00	0.15	1.70
LNGC 事故总计	事故数	15	98	22	23	158
	事故发生频率/%	13	17	2.90	1.70	5.60

由表 3.2 可见,在 LNG 航运早期(1964~1975 年),及 1976~1985 年,无论是一般性船舶事故还是 LNG 特有事故,发生的次数和频率都相对较高,而自 1985 年以后,随着 LNG 航运技术及相关规范的发展和完善,事故发生的次数和频率均大大下降,尤其是 1996~2005 年,各种 LNG 事故的年均发生次数仅 2.3 起,发生频率仅 1.70%,由此可知 LNGC 及接收站的运营安全水平是很高的。

将表 3.1 的数值加以平均并绘图,可以从图 3.4 中清晰的显示出来,由于技术水平及相关规范标准的提高,自 20 世纪 80 年代后期开始,LNG 运营的事故数量及发生频率逐年降低。目前,LNG 事故的发生数量与频率均非常低。由于 LNG 运营技术和规范将继续发展与提高,有充分理由相信,LNGC 及码头的运营仍将维持良好的安全状态,并且有希望将 LNG 事故发生的概率进一步降低。

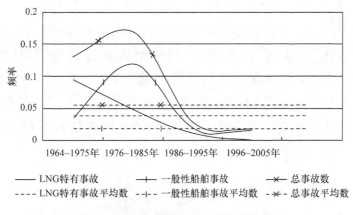

图 3.4　LNG 历史事故不同时期发生频率

(1) 事发时 LNGC 的状况

一个完整的 LNGC 航程周期应该包括,在 LNG 外输终端装货后,长距离航行至 LNG 接收终端,在接收终端卸货后,再返航至外输终端。期间,LNGC 的主要活动是在公海和港区内航行,靠泊作业和装卸货作业。

根据对过去事故的统计,在装货状态发生的事故有 10 起,卸货状态发生的事故有 8 起,航行过程发生的事故有 19 起,靠泊作业时发生的事故有 1 起,其他未知状况占到 7 起。从结果看,装卸货和航行时发生的事故次数接近,具体如图 3.5 所示。

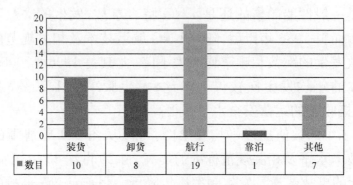

	装货	卸货	航行	靠泊	其他
■数目	10	8	19	1	7

图 3.5　发生事故时 LNGC 状态

(2) 事故后果分布

LNGC 发生事故后,导致的后果有船体结构损坏、液货舱损坏、结构低温开裂、船体设备损坏、卸料臂损坏和无损失或未知。

由于碰撞、搁浅等事故导致的船体结构损坏有 12 起,占 26.7%;液货舱损坏达到了 10 起,占 22.2%;船体结构和液货舱同时损坏的有 1起。由于 LNG 泄漏导致的结构低温开裂,达到 8 起,占 17.8%。仅由卸料臂损坏只有 1 起,卸料臂和结构低温开裂同时出现的也有 1 起。船舶设备损坏达到 6 起。无损失或没有记录有损失的有 5 起。详细事故后果情况如图 3.6 所示。

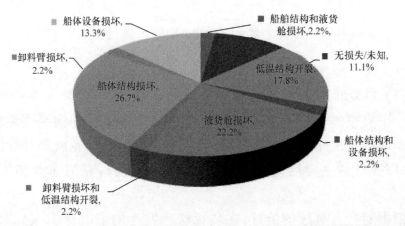

图 3.6　各类事故后果所占比例

在 LNG 泄漏的事故中,只有一起事故没有导致低温结构损坏。在所有发生 LNG 或 BOG 泄漏的事故中,没有发现一起人员伤亡事件。在过去的 LNGC 运输历史中,还没有发生一起因 LNGC 在水域中与其他船舶碰撞或搁浅而造成的液货泄漏事故。

3.2.3　LNGC 事故原因分析

装卸货期间发生的事故,主要由操作不当或系泊松动导致。有 1 起是 LNGC 自身失去控制,导致系泊松动,拉断卸料臂。还有 1 起是在 10 级风状态下作业,在大风大浪的影响下,导致系泊松动。可以看出,装卸货过程中规范操作和良好天气条件的重要性。

在航行中发生的事故,主要是与其他船舶发生碰撞或各种原因导致的搁浅。从事故的后果来看,由于 LNGC 比较大且是双壳体船,在与其他船舶发生碰撞后,后果不是很严重,没有导致过液货舱的重大损坏和 LNG 泄漏,但是发生过 3 起比较严重的搁浅事故。

3.2.4　LNGC 事故典型案例

历年 LNG 事故案例进行统计整理情况如下。

1. 1964～1965 年

在阿尔及利亚的阿尔泽装载 LNG 时,闪电击中 Jules Verne (25 500m³)船只前的放空立管,点燃了排气系统排出的蒸气。码头附近出现雷暴时,装载停止,但装载过程产生的蒸气继续排放到周围空气中。岸上的回流管还未操作。火焰迅速被连接到放空管的吹扫氮气扑灭。类似的事故在 1965 年初发生,当时船只刚离开阿尔泽海港。火势再次被连接的氮气吹扫扑灭。在该事故中,船舶航行时,蒸气仍放空到大气中,这在当时是常规做法。

2. 1965 年 5 月

在液体完全排出之前,Methane Princess(27 400m³)的 LNG 装载

臂杆分离,以致 LNG 经过一个泄漏的关闭阀门,流进放于臂杆下的一个不锈钢油滴盘。该范围以海水冲洗,但即使用海水,最终甲板镀层上仍出现出一个星形的断裂。

3. 1965 年 5 月

1965 年 5 月,在阿尔泽的 Jules Verne 号第四次装载时,一号货舱储罐溢出令 LNG 泄漏,导致油轮的外层及邻近甲板镀层断裂。溢出的原因仍未能充分地解释,但应与液面位置指示仪器失灵及货舱监察人员对仪器的不熟悉有关。

4. 1966 年 4 月 11 日

Methane Progress($27\ 400m^3$)有储罐泄漏报告,无详情。

5. 1968 年 9 月

Aristotle($5000m^3$)于墨西哥海岸搁浅,底部损毁。发生搁浅时,船舱内有 LNG,但无 LNG 泄漏。

6. 1969 年 11 月 17 日

Polar Alaska($71\ 500m^3$)一号 LNG 货舱底部支撑晃动,导致货舱的泵电缆盘部分支撑松脱,使主要的护板有几个穿孔。LNG 漏至护板间的空隙,但无 LNG 泄漏。

7. 1970 年 9 月 2 日

由于恶劣天气关系,Arctic Tokyo($71\ 500m^3$)一号 LNG 货舱底部支撑晃动,导致主要护板及支撑隔离箱的变形。LNG 漏至护板间的空隙,但无 LNG 泄漏。

8. 1971 年末

Descartes($50\ 000m^3$)主要护板与水箱圆盖之间的接连发生轻微错位,以至气体漏至护板间的空隙,但无 LNG 泄漏。

9. 1974 年 6 月 12 日

当 Methane Princess(27 400m³)停泊在肯维岛 LNG 码头时,被货轮 Tower Pricess 号猛烈撞击,船身外留下三英尺裂缝,无 LNG泄漏。

10. 1974 年 7 月 16 日

Barge Massachusetts(5000m³)LNG 被装载至驳船上。经过一次电力中断及主要液体管道上阀门的自动关闭后,小部分的 LNG 由氮净化球状阀门漏至船上的排液总管。美国国家海岸巡逻队随后的调查发现,阀门的关闭导致压力剧烈波动,LNG 从阀门的阀盖中漏出。阀门于之前超过 7 小时的装载过程中并无裂漏。甲板上有数个裂缝,延伸范围约 1m×2m。据报告,泄漏的 LNG 大约为 40 加仑(1 加仑=3.78升)。由于此次事故,美国国家海岸巡逻队禁止 Barge Massachusetts 号在美国境内提供 LNG 服务。Barge Massachusetts 现在运输的是液体乙烯。

11. 1974 年 8 月

Euclides(4000m³)同其他船只轻微碰撞,有轻微损毁,无 LNG泄漏。

12. 1974 年 11 月

Euclides 于法国哈佛尔港搁浅,船底及螺旋桨损毁,无 LNG 泄漏。

13. 1974 年

Methane Progress 于阿尔及利亚的阿尔泽搁浅,船舵损毁,无 LNG泄漏。

14. 1977 年 9 月 16 日

Bontang 装载一号货舱时,LNG 透过 LNG Aquarius(125 000m³)

的排气管溢出。事件应是源于液体位置计量系统出现问题。高液位警报被置于可屏蔽模式以减少烦人的警报。出乎意料,以低碳钢制造的货舱的外层并没有因为这次泄漏而损坏。

15. 1978 年 8 月 14 日

Khannur(124 890m³)于新加坡海峡与货船 Hong Hwa 号碰撞,轻微损坏,无 LNG 泄漏。

16. 1979 年 4 月 8 日

1979 年 4 月 8 日,Mostefa Ben Boulaid(125 000m³)于马里兰州的 Cove Point 港卸货时,船只管道系统的一个止回阀失灵,漏出少量 LNG,导致甲板外层的轻微裂缝。这次泄漏是源于 LNG 从液体管道的旋启式止回阀漏出。在这个阀门中,铰链针以螺栓头固定,再深入到阀门体中。在船只及泵水系统的运作中,振动令螺栓头退出,LNG 洒到甲板。事件发生后,船只停止航行,进行更新结构工程。船只液体系统的所有止回阀也予以改造,避免事故再度发生。每个螺栓头上都安装上一个不锈钢扣。船只再度航行后不久,LNG 再度从其中一个螺栓头漏出,不锈钢扣脱落,很有可能也是由于振动造成。其后装上更多的不锈钢扣,自此阀门便再无事故。

17. 1979 年 4 月

1979 年 4 月 15 日,Pollenger(87 600m³)于马萨诸塞州埃里弗特的 Distrigas 码头卸下 LNG 时,从阀门压盖漏出的 LNG 明显地使一号货舱的外壳破裂。漏出的 LNG 可能只有几升,但外层的裂缝就有大约 2m²。

18. 1979 年 6 月 29 日

为了避开其他船只,El Paso Paul Kayser(125 000m³)于直布罗陀海峡以 14 节航速航行时搁浅,底部损毁严重。船只起浮而货物则被转运至姊妹船 El Paso Sonatrach 号,无 LNG 泄漏。

19. 1980 年 12 月 12 日

在恶劣天气下于日本户田对开的 Mutsure Anchorage(125 000m³)
搁浅,底部损毁严重。船只起浮,以自身动力驶至北九州 LNG 码头,卸
下货物,无 LNG 泄漏。

20. 20 世纪 80 年代早期

El Paso Consolidated(125 000m³)从法兰少量泄漏,甲板外层由于
低温脆化而破裂。

21. 20 世纪 80 年代早期

Larbi Ben M'Hidi(129 500m³)同输送臂失去连接以至蒸气挥发,无
LNG 泄漏。

22. 1983 年 12 月

在日本袖浦市卸载前,预冷卸料臂的过程中,Norman Lady(87
600m³)突然自行向后移动。所有卸料臂断裂,溢出 LNG,未被点燃。

23. 1985 年

由于货舱溢出导致 LNG 泄漏,Isabella(35 500m³)甲板外层由于低
温脆化而破裂。

24. 1985 年

报告为"加压的货舱",可推测为一些 LNG 从 Annabella(35 500m³)
货舱或管道泄漏,并无更多详情。

25. 1985 年

Ramdane Abane(126 000m³)装货时发生碰撞,左舷船头受到影响,
无 LNG 泄漏。

26. 1989 年 2 月

大风将 Tellier(40 000m³)吹离阿尔及利亚的斯基克达泊位,卸料臂断裂。船舶上的管道严重受损,卸载停止。根据一些口头描述,LNG 从卸料臂处泄漏。

27. 1990 年初

Bachir Chihani(125 000m³)部分结构出现裂痕,源于船体在公海航行时复杂的变形带来的高应力。船体内部镀层的裂痕,令船只在压载时,海水渗入货舱隔绝层的后面,无 LNG 泄漏。

28. 1997 年 5 月 21 日

日本四百公里以外,Northwest Swift(125 000m³)与一渔船相撞,船体有损毁但没有渗水,无 LNG 泄漏。

29. 1997 年 10 月 31 日

日本泉北 LNG 码头,Capricorn(126 300m³)撞到一条于码头附近停留的海豚。船体有损毁,但没有渗水,无 LNG 泄漏。

30. 1999 年 9 月 6 日

当驶近大西洋 LNG 码头(特立尼达和多巴哥)时,Methane Polar(71 500m³)遇上机件故障,撞毁罗杰尔码头,没有伤亡,无 LNG 泄漏。

31. 2002 年 12 月

美国核潜艇俄克拉何马城号,升起潜望镜时刺穿了 Norman Lady(87 000m³)船体外壳导致海水渗入,无 LNG 泄漏。

32. 2004 年 5 月

在韩国水域搁浅,Tenaga Lima(130 000m³)右舷船板损坏,无 LNG 泄漏。

33. 2007 年 9 月

Dwiputra(127 386m³)与一艘日本油轮碰撞,船舷尾部刮伤,无 LNG 泄漏。

34. 2008 年 8 月

闪电引起 Methania(131 260m³)火灾,LNG 已卸载完毕,无 LNG 泄漏。

35. 2009 年 12 月 15 日

Matthew(126 500m³)在前往码头卸货并接受检查的途中,在 Cayo Caribe 附近搁浅,没有造成其他危害和环境影响。

36. 2010 年 2 月

Buleskey(145 000m³)在法国布列塔尼地区的蒙托伊尔城市港口码头靠泊期间被损坏,没有造成 LNG 泄漏。

37. 2010 年 3 月 1 日

LNG Edo(126 500m³)在装货期间发生倾斜,装货作业被迫中止,没有其他危险发生。

38. 2012 年 12 月 3 日

准备靠泊卸货的 Aries(125 469m³)因失电在日本 Keihin 港 Toden-Ogishima LNG 泊位附近失控。

39. 2013 年 10 月 28 日 Coral Ivory

德国基尔运河 Brunsbuttel 大桥附近 Coral Ivory 号 LNG 船与一艘货船发生碰撞。Coral Ivory 号没有结构性损伤,但左舷侧翼被撞出 2 个大约 3m×5m 的大洞,有沉没危险,后来在拖轮的协助下靠泊到

Brunsbuttel 储运站,没有发生其他灾害。

40. 2013 年 12 月 29 日

314 米长的 Al Gharaffa 号 LNG 船与 349 米长的 Hanjin Italy 号集装箱船在新加坡附近的马六甲海峡发生碰撞事故。Al Gharaffa 号船艏显著损伤,但没有造成其他危害。

41. 2015 年 1 月

Teekay LNG Partners 旗下的 Magellan Spirit 号(165 500m³)在尼日利亚海域发生搁浅,事发时船上载有货物。该船在驶离伯尼岛 LNG 接受站时陷入淤泥。

42. 2015 年 10 月 6 日 Al-Oraiq

一艘荷兰籍货船 Flinterstar 号与马绍尔群岛籍 LNG 油轮 Al-Oraiq 号在比利时海岸 10 公里处发生碰撞,导致"Flinterstar"号货船漏油。Al-Oraiq 号发生事故后被成功拖至泽布吕赫港,没有泄漏事故。

43. 2016 年 7 月

英国米尔福德港一艘引航船 St Davids 在执行常规接送引航员的任务时与 Lijmiliya(155 000m³)发生"重创",导致船只损坏和人员受伤。但此次事故并未造成污染,LNG 船也没有因事故产生严重危险,港口运作受到短时间耽搁,很快便恢复了正常运转。

3.3　LNGC 通航要求

由于 LNGC 的高昂造价和高危险性,且 LNG 海上运输属于危险品运输,因此对其通航条件的要求也具有特殊性。根据国内外的相关法律法规、规范、习惯做法,关于 LNGC 通航条件的基本要求各不相同[14]。

3.3.1　国际规范和习惯做法

1. 航道条件

根据目前国外相关规范,航道的通航要素主要包括航道宽度(或有效宽度)、航道水深、航道弯曲段宽度、转弯半径、航道边坡比等。为保障船舶安全通航要求,航道要求有足够的深度和宽度,适当的位置、方向和弯曲半径,且需要充分考虑风、波浪、潮流(水流)、沿岸泥沙流等自然条件对船舶在航道中安全航行的影响。

航道要素关注的要素之一是航道宽度。为保证 LNGC 航行的安全,不同的国家和组织根据各自的通航需求和 LNGC 的通航特征,对 LNGC 进出港航道宽度提出了不同的要求。

航道要素关注的另一个要素是航道水深。航道水深主要考虑船舶吃水、船舶纵倾、船体下沉船舶水下富余量、水密度修正量、操纵性能富余量、地质富余量、水深变迁富余量、乘潮水位等。航道设计水深主要取决于船舶吃水及富余水深。详细要求如表 3.3 所示。

表 3.3　LNGC 航道宽度及水深设计要求

规范/标准	航道宽度要求	航道水深
PIANC[15]	单向通航:将 LNGC 定为危险度最大船舶计算,附加宽度系数取 1.0 倍(外航道)或 0.8 倍(内航道)设计船宽	船舶吃水＋富余深度
SIGTTO[16]	单向通航:不少于 5 倍船宽 双向通航:不少于 7 倍船宽	可航深度一般不应低于海图基准面 13 米。龙骨以下净空应根据海底地质确定
壳牌	4～5 倍船宽	不小于 15m
道达尔	1 倍船长,视横流到校增减	船舶吃水＋安全深度
埃克森	7 倍船宽	船舶吃水＋3.5m
美孚	5～6 倍船宽	船舶吃水＋3.5m
法国燃气	250～300m	船舶吃水＋2.0m

2. 锚地设置

国外存在多种关于锚地设置的规范,大多提供指导性的建议,但不进行硬性规定。

国际气体运输船和码头经营者协会(Society of International Gas Tanker and Terminal Operators, SIGTTO)发布的"*LNG Operations in Port Areas*"对 LNGC 锚地设置的规定为:不建议 LNG 锚地设置在港区附近,以降低其停泊时的风险。

3. 航行条件

在抵港途中,LNGC 受到一系列的操作限制,要求船舶必须在海况(风、浪、潮汐和能见度)良好的情况下通行。LNGC 还会受到某些特定交通管制措施的保护,例如拖船护航及要求其他船舶与 LNGC 保持一定的航行距离等。由于卸载后船舱内通常只剩少于总容量 5% 的 LNG,因此 LNGC 离港时限制一般比进港时宽松。国外关于 LNGC 航行的条件规定如表 3.4 所示。

表 3.4　　液化天然气船舶航行条件

规范/标准	航行条件
SIGTTO 标准	根据各港口设定的作业标准进出港;配备 3～4 艘拖轮;护航(需有消拖两用船护航);引航
日本运输省	平均风速小于 12m/s;浪高小于 1.5m;能见度大于 1000m;配备 3～4 艘拖轮;前后护航;引航

4. 安全/保安区

LNGC 安全区是出于安全、环境保护和保安目的,在 LNGC 周围设置的一定范围的水域。该水域属于受控水域,未经主管机关允许,除 LNGC 的其他船舶、人员等禁止进入该区域。SIGTTO 对安全区的定义是指围绕 LNGC 不允许其他任何交通工具进入的海域空间。

"9·11"事件后,出于反恐的需要,美国海岸警卫队又提出保安区的概念。保安区是指为避免 LNGC 受到恐怖袭击而在 LNGC 周围设置的一定范围的水域。

随着 ISPS 规则的实施,为 LNGC 设置安全与保安区成为了大多数国家保障 LNGC 安全航行和港口安全的通行做法。安全区与保安区的设置虽然目的有所差异,但两者在设置过程中通常都有重叠区域,既是安全区,也是保安区。

LNGC 及码头保安与安全区设置如图 3.7 所示。

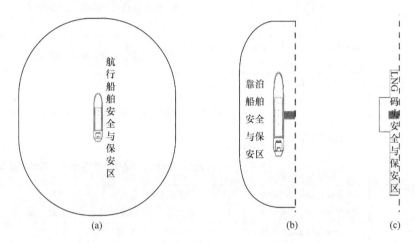

图 3.7　LNGC 及码头保安与安全区设置示意图

安全区一般可分为三个层次。

① 为航行安全而在船舶周围设置的大小合适的安全区域,防止 LNGC 发生交通事故。

② 为保护 LNGC 周围人员和财产安全而设置的最小安全区域(也称为限制区域),区域内应排除无关设施或人员,防止无关设施或人员进入。

③ 为防止保安事件发生而设立的区域(也可称为保安区域),一般使用武装力量保证该区域不受故意行为侵犯。

总体而言,安全区的目的就是在 LNGC 周围设置一个缓冲区域,防止造成危害,当遇到危险时也能有时间采取减轻或避免措施。国外及其他地区 LNGC 安全区域设置情况如表 3.5 所示。

表 3.5　部分国外港口及地区 LNGC 移动安全区

国家	港口	安全区域
美国	Cook Inlet, Alaska（阿拉斯加库克岛）	进出港及停泊时均为 1000 码（1 码＝0.9144 米）半径范围
	Boston, Massachusetts（波士顿, 马萨诸塞州）	进出港时, 船前方 2 海里（1 海里＝1.852 千米）、船后方 1 海里及船两舷 500 码范围；系泊时 400 码范围；锚泊时 400 码范围
	Chesapeake Bay, Maryland（马里兰州, 切萨皮克湾）	进出港及停泊时 500 码半径范围
	Savannah River, Georgia（佐治亚州, Savannah 河）	进出港及停泊时 2 海里范围
	Calcasieu Channel and Industrial Canal, Calcasieu River, Lake Charles, LA.（路易斯安那州）	进出港时, 船前方 2 海里、船后方 1 海里, 左右至岸边
	Columbia River（哥伦比亚河）	进出港时, 500 码半径范围；停泊时, 200 码半径范围
	San Pedro Bay, California（加利福尼亚, 圣彼得湾）	进出港时, 船前方 1000 码、船后方和左右 500 码；停泊时 500 码半径范围
	Long Island Sound（长岛海峡）	进出港时, 船前方 2 海里、船后方 1 海里及船两舷 750 码范围
	Fall River, Mass（马萨诸塞州, 霍巴克港）	进出港时, 船前方 2 英里（1 英里＝1.609 千米）、船后方 1 英里及两舷 1000 码范围
俄罗斯	Sakhalin（库页岛）	航行和停泊时船舶周围 500 米半径范围
葡萄牙	Sine（锡尼什港）	航行时船舶周围 600 米半径范围；进出港航行有优先权
加拿大	Canaport（卡纳波特港）	航行时船舶周围 0.5 海里范围
加拿大	大西洋区域	航行时船首尾各 1 海里, 左右 250 米
澳大利亚	Gladstone（格莱斯顿港）	航行时船前方 500 米, 船尾 200 米, 左右 200 米
法国	Montoir de Bretragne（布列塔尼, 蒙托伊尔港口）	当 LNGC 在航道上航行时, LNGC 与其他船之间的最小间距是前后各 2 海里, 左右两侧不允许船舶通行；当 LNGC 转弯或靠泊时, 距离增加到 5 海里
日本		大多数接收站安全区的要求是 1 海里
挪威	Snohvit（斯诺赫维特港）	航行时 LNGC 周边 1.5 海里；靠泊在码头时船周围 200 米范围

从表中可以看出,美国对安全区域要求较为严格,其他国家及地区则会根据液化天然气接收站实际具体情况来设置安全区域大小。例如,西班牙巴塞罗那港,LNGC 进出港口时,不会对在该港口航行的其他船舶做出任何限制。美国波士顿港,当 LNGC 进出港时,则会严格限制其他船舶的航行,关闭其经过的桥梁,并调整港口附近国际机场飞机起降飞行路径。

3.3.2　国内规范和习惯做法

1. 航道条件

根据《海港总体设计规范》(JTS 165—2013),航道设计水深主要取决于船舶吃水,以及富余水深,详细要求如表 3.6 所示。

表 3.6　LNGC 航道宽度及水深设计要求

航道宽度要求	航道水深
单向通航:航道有效宽度应按的有关规定确定,且不应小于 5 倍设计船宽 双向通航:航道有效宽度应通过专项论证确定	船舶吃水＋富余深度

2. 锚地设置

我国《液化天然气码头设计规范》(JTS 165-5—2009)对 LNGC 锚地的规定为:“5.7.1 液化天然气船舶应设置专用锚地。锚地与液化天然气码头、进出港航道和其他锚地的安全净距应大于 1000m。锚地尺度应按现行行业标准《海港总体设计规范》(JTS 165—2013)的有关规定确定。”

3. 航行条件

我国关于 LNGC 航行的条件规定为,靠离泊作业应当在白天进行,配备 3~4 艘拖轮,前后护航(前方巡逻艇,后面消拖两用船);进出港条件:风速不大于 20m/s,横浪浪高不超过 2.0m,顺浪浪高不超过 3.0m,横流流速不超过 1.5m,顺流流速不超过 2.5m,能见度不小于 2000m;靠泊、装卸作业条件:风速不大于 15m/s,横浪浪高不超过 1.2m,顺浪浪高不超过 1.5m。

我国台湾地区关于 LNGC 航行的条件规定为,平均风速不超过 12m/s;流速不大于 2.5 节;在北防波堤遮蔽区内,波高不大于 1.5m;白天能见度不小于 2 海里;白天(日出后至早上 7 时、早上 10 时至日落前);护航;足够拖轮。

4. 安全/保安区

我国对 LNGC 移动安全区设置没有明确、统一的规定,但根据《液化天然气码头设计规范》(JTS 165—5—2016)的规定,当液化天然气船舶在进出港航道航行时,除护航船舶,其前后各 1 海里范围内不得有其他船舶航行。各港口在实际作业中安全区域的设置如表 3.7 所示。

表 3.7　国内 LNGC 移动安全区的设置情况

港口	安全区域
广东深圳港	以 LNGC 为圆心,周围 1500 米水域
广东珠海港	LNGC 前后各 1 海里,左右各 450 米
福建莆田秀屿港	LNGC 前 1.5 海里、后 0.5 海里,左右 750 米
上海洋山港	LNGC 前方为 LNGC 长的 6 倍,左右为 LNGC 长的 4 倍
江苏南通如东港	LNGC 前后 1 海里,左右 1000 米
辽宁大连港	LNGC 前后 1 海里,左右 500 米
浙江宁波港	LNGC 前后各 1 海里,左右各 500 米
东莞九丰 LNG 码头	LNGC 前后 1000 米,左右 120 米
天津港	LNGC 前方 1 海里、后 0.5 海里,左右各 150 米
河北曹妃甸港	LNGC 前后各 1 海里,左右各 1 倍船长
广西北海	LNGC 前后 1 海里,左右各 250 米
香港	以 LNGC 为圆心,周围 1000 米水域
台中港	LNGC 前后 1 海里,左右 150 米;停靠期间船舷外侧 100 米为警戒区域;锚泊时 1 海里半径范围

5. 进出港安全管理

① LNGC 进出港、在港作业应当满足上述通航基础设施、作业标准、移动安全区的要求。

② 船舶移动安全区、停泊安全区,应当根据 LNGC 舱型和主尺度、航经水域的通航环境、安全敏感区域、气象、海况,以及拟采取的安全保障措施等情况综合评估确定。安全评估报告和专家意见应当在船舶进出港申报时提交当地海事管理机构。

③ LNGC 进出港口或者在狭水道航行前,应当按规定向海事管理机构申请发布航行警告。

④ 船舶载运散装液化气体进出港口,承运人或者代理人应当在进出港前提前 24 小时(航程不足 24 小时的,在驶离上一港口时)向海事管理机构办理船舶申报手续;货物收货人、托运人或者代理人应当在船舶申报之前向海事管理机构办理货物申报手续。

⑤ LNGC 应当在抵港前 72 小时(航程不足 72 小时的,在驶离上一港口时)向海事管理机构预报抵港时间,提前 24 小时报告抵港时间,提前 2 小时确认抵港时间。

⑥ 船舶在航行期间发生可能影响船舶进出港航行、停泊或作业安全的异常情况,应当在进港前向海事管理机构报告。

⑦ LNGC 进出港航行和在港停泊、作业,应遵守当地海事管理机构的特别规定,落实引航、护航、监护、乘潮进出港、安全航速等安全保障措施。

6. 安全监管设备要求

航行于中国沿海和港口水域的船舶,海事主管机关可以通过远程识别和跟踪(long range identification and tracking,LRIT)系统、中国船位报告(China ship reporting,CHISREP)系统、自动识别系统(automatic identification system,AIS)、船舶交通服务系统(vessel traffic services,VTS)等系统和设备了解船舶的船位、载况等信息,对其实施有效的安全管理,如图 3.8 所示。

此外,根据《海港总体设计规范》的要求,LNGC 在进出港航道航行时,应实行交通管制,因此对于有 LNGC 进出的港口,应配套建设交通管制系统,如 VTS。

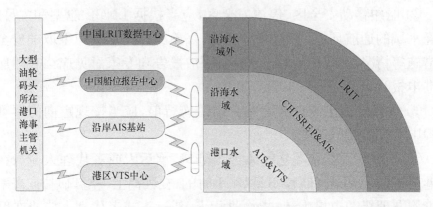

图 3.8　船舶监管设备作用范围示意图

LNGC 在中国沿海航行过程中,应根据相关规定和要求,配置满足 LRIT 系统、CHISREP、AIS、VTS 要求的设备,便于主管机关对其实施有效的监管,提供有效的交通组织服务,保障通航安全。

7. 引航护航要求

在引航护航方面没有统一的规定,福建海事局要求 LNGC 进出福建湄洲湾水域,应申请引航员引航,由海事管理机构发布安全预警信息,实施交通管制。引航部门在 LNGC 抵达福建湄洲湾水域 5 日前,应向莆田海事局报送引航方案。从事引航工作的引航员应保证至少 2 名,并具备一级引航员,经液化气船安全知识及安全操作培训合格[6]。

上海海事局在引航方面没有详细规定,但要求 LNGC 进出港航行,应当填报《LNG 船舶护航申请书》,向主管机关申请护航;船舶在码头停泊期间,应当按照主管机关的要求实施监护。护航船舶和监护船舶负责 LNGC 进出港和码头停泊期间的安全警戒。

天津海事局要求 LNGC 进出港口和靠离泊应当在至少两名引航员的引领下进行。引航部门应当制定针对 LNGC 的引航方案,并于船舶抵达天津港前 5 日报告交通管理部门。负责引领 LNGC 的引航员应当具备一级引航员资质,且接受过引领 LNGC 的专门培训,引航工作表现良好。LNGC 引航员应当按照交通管理部门公布的船舶进出港计划引领船舶进出港口,应在主管机关划定的水域登离船舶。如因特殊原因需要在其他水域登离船舶的,应当事先征得交通管理部门的同意,不得在禁锚区和航道内登离船舶。LNGC 进出港口和靠离泊应当按照主管机关的要求落实监护措施,进出港期间按照移动安全区的限定要求设置移动安全区,配备一艘消拖两用船;LNGC 靠离泊期间,应当配备足够的拖轮协助,且拖轮单船最小功率不得小于 3000kW;LNGC 锚泊期间,应当至少配备一艘警戒船舶和一艘消拖两用船舶进行值守;LNGC 靠泊码头、装卸站、设施和装卸作业期间,应当采取警戒措施。从事警戒的船舶应当包括一艘警戒艇和两艘消防拖带两用船舶。LNGC 或其代理人应当在船舶进出港口前 48 小时,填写《散装液化天然气船舶监护申请书》向主管机关认可的部门申请监护。LNGC 进港时,对其护航从引航员登临船舶开始,至进港靠泊完毕结束;出港时,对其护航从出港离泊开始,至引航员离开船舶结束。为 LNGC 提供护航的船舶应当包括护航艇和护航拖轮。护航艇用于引导船舶、航行现场警戒、交通管理和应急处置,护航拖轮用于协助船舶航行和靠离泊、消防警戒和应急处置。护航船舶应当包括至少一艘消防拖带两用船舶[7]。

深圳海事局规定,LNGC 进出港航行,应当填报《LNG 船舶护航申请书》,向主管机关申请护航。船舶在码头停泊期间,应当按照主管机关的要求实施监护。护航船舶和监护船舶负责 LNGC 进出港和码头停泊期间的安全警戒。LNGC 进出港航行期间,主管机关可根据海上交通情况对该航行水域实施交通管制[8]。

珠海港规定,LNGC 进出港应当按规定申请引航。珠海港引航站应当制定 LNGC 引航工作方案,并在 LNGC 抵港前 24 小时向珠海海事局报告。LNGC 在进出港航道航行期间,其移动安全区为船舶前后各 1 海里,左右各 450 米的水域范围。LNG 船舶停泊码头期间,其停泊安全区为船舶周围 300 米的水域范围。无关船舶或者人员禁止进入 LNG 船舶移动安全区、停泊安全区。LNGC 应当在抵港前 72 小时(航程不足 72 小时的,在驶离上一港口时)及 24 小时直接或者通过代理人向珠海海事局预报抵港时间,抵港前 2 小时应当向珠海 VTS 中心报告抵港时间。码头经营人应当制定 LNGC 进出港、停泊、作业期间监护工作方案,安排足够的助靠(离)、应急拖船[9]。

广西海事局规定,LNG 船舶航行、停泊应遵守广西沿海港口水域船舶通航安全和防治污染监督管理规定。LNG 船舶进出港时应当综合考虑航道通过能力、码头靠泊能力、气象、海况、船舶交通流等情况,制定进出港安全措施。LNG 船舶进出港应当按规定申请引航。引航机构接到 LNG 船舶的引航申请后,应当制定 LNG 船舶的引航工作方案。LNG 船舶引航员应掌握 LNG 船舶进出港、靠离泊操纵技能。LNG 船舶进出港、装卸作业,应有护航、监护工作方案。LNG 船舶进出港期间,应配备护航船舶实施护航;LNG 船舶在装卸作业时,应有警戒船在附近水面值守,且至少有一艘消防船或消拖两用船在旁实施现场监护,船舶应设置烟火熄灭装置,实施烟火管制。LNG 船舶进出港期间,海事管理机构应及时发布安全预警信息,对该水域实行临时交通管制。LNG 船舶进出港期间,应设立移动安全区。除紧急避险等特殊情况,LNG 船舶应当在白天进出港和靠离泊作业[10]。

8. 导助航设施要求

（1）码头配置要求

液化天然气码头应配备完善的导助航设施。位于复杂通航环境的液化天然气码头宜配备带电子海图和差分全球定位系统的电子引航设施。

（2）港口配置要求

为了保障船舶进出港口的航行安全,港口应设置必要的助航设施。主要通过特定的标志、灯光、音响或者无线电信号等,必须是根据港口的自身实际情况来配备,供船舶确定船位、航向、避离危险。

第4章 LNG 海上运输流程及影响资质因素分析

4.1 LNG 海上运输流程

LNG 产业不是一个单独的产业而是一个完整的链条，一个需要庞大资金和高尖端技术的产业。LNG 产业链条包括三个部分，首先是天然气的开采、液化，以及存储，随后是 LNG 的装卸和运输，最后是 LNG 的再气化和销售。三个环节紧密相连、不可分割、相互影响，中间的任何一个环节都不允许发生错误，否则会对整个链条产生严重影响。因此，在 LNG 海上运输时必须确保各个环节的运行状况处于良好状态[17]，如图 4.1所示。

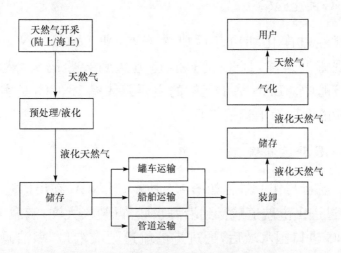

图 4.1　液化天然气产业链原理流程

LNG 产业链中的一个重要的环节就是 LNG 运输，是一个纽带连接着上游和下游。LNG 的海上运输是一个完整的流程，包括三个环节，即液化站(装船)、海上运输和接收站(卸船、再气化)，这三个环节被称为液化天然气海上运输链。

4.1.1　天然气液化站

天然气液化厂的工艺比较复杂,主要由三个系统组成,分别是净化工艺系统、液化工艺系统,以及存储系统。

1) 制冷方式的选择

天然气液化时需要极低的温度。这些冷量是由外加制冷循环所提供的。要想获得极高的制冷效率必须配备制冷系统,使得换热器达到最小的冷、热流温差。天然气液化的制冷系统到目前已经发展较成熟,比较常用的制冷系统有混合冷剂制冷循环、阶式制冷循环,以及膨胀机制冷循环。

2) 存储方式的选择

LNG 的储存目前有两种方式,一种是带压的子母罐储存,另一种是常压式低温储存。

4.1.2　LNG 海上运输

天然气经过净化和冷却后成为液态,即 LNG。LNG 由专门的 LNGC 实现海上运输,LNG 通过管道运送到装船码头,然后输送到 LNGC 的液舱中。LNG 海上运输的主要载体是 LNGC,是实现天然气远距离运输的专用海上运输工具。

1. LNGC 营运流程

LNGC 航行与作业过程如图 4.2 所示。LNGC 在出口港装载 LNG 后离泊,通过进出港航道航行到沿海水域,再驶入大洋;满载 LNG 的船舶到达 LNG 进口国水域后,通过进港航道驶入港口,靠泊码头进行卸货作业或系泊浮筒向浮式存储设备过驳 LNG;卸货完毕的 LNGC 离开进口港,压载航行,驶入大洋,然后返回出口港进入下一营运周期。

根据船舶离岸远近可分为港口作业、进出港航行、沿海航行和大洋航行。根据船舶营运过程可以分为 LNGC 出口港水域航行与作业和 LNGC 进口港水域航行与作业。我国是 LNG 进口国,通常 LNGC 满载进港后压载出港;同时,沿海部分大型 LNG 接收站也作为转运中心,将

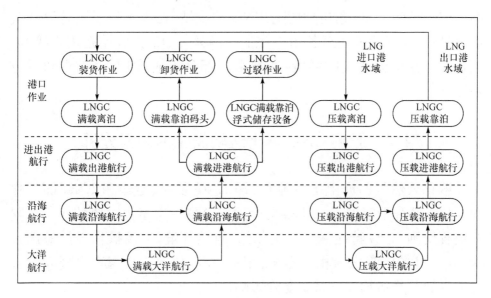

图 4.2　LNGC 营运流程图

进口的 LNG 通过小型 LNGC 运往内河或其他小型 LNG 接收站。

2. LNG 运输航线

在 20 世纪,大西洋区域和太平洋区域是世界 LNG 贸易的两个各自封闭的区域。东南亚、中东和澳大利亚是太平洋区域中的 LNG 主要生产方和卖方,日本、韩国和中国等是 LNG 主要买方。而在大西洋区域,南美和非洲是 LNG 主要的生产国和卖方,美国和欧洲是主要买方。随着近些年技术的进步,LNG 运输成本大幅度降低及大型 LNGC 的出现,世界 LNG 贸易向着全球化的方向发展。世界上,LNG 海上贸易距离非常遥远,一般航线都有几千海里的行程,例如卡塔尔拉斯拉凡到中国宁波的总航程为 5920 海里左右,一个完整的航行需要一艘航速为 20 节的船舶用一个月的时间来完成,因此 LNG 贸易的航程非常漫长[18]。

LNG 贸易大部分都签订有长期的 SPA,除了少量的现货和短期贸易,相对应的是 LNGC 在建造前就已签订了长期的租船合同。

4.1.3　LNG 接收站

LNG 海上运输链是一个完整的流程,最后一个环节为 LNG 接收站。LNGC 将 LNG 输送到码头 LNG 接收站,在接收站经过升温和气化,然后由输气管道送至各用户终端。因此,LNG 接收站是用来接卸、储存和再输送天然气的场所,通常由两部分组成,即专用码头和后方站区[19]。

4.2　影响 LNG 海上运输安全的因素分析

液化天然气的海上运输流程,即 LNG 装船、运输和 LNG 卸货作业。这三个作业环节,对 LNG 的运输安全发挥着至关重要的作用。整个流程受到 LNG 特性、船舶、接收站、自然环境,以及操作人员等因素的影响,且各因素之间相互影响、相互依存,任何一个因素出现问题都可能导致整个运输安全系统受到影响。

4.2.1　LNG 自身性质因素

① LNG 的货舱人为或者意外破损后形成的危害来源于破损的尺度、位置、液货释放率和 LNG 的泄漏量,并且诸如风、潮、浪和流等环境条件将会严重影响 LNG 的扩散行为。

② LNG 海上泄漏将导致对船舶或 LNG 货舱的低温损害,并可能导致其他货舱或船舶的结构损害。

③ LNG 泄漏引起的火灾、热辐射等危害,将对其他场所及设施造成严重影响或破坏。

④ LNGC 泄漏将对航道、卸货码头及港口造成直接或间接影响。

⑤ LNG 的主要成分是甲烷,为无毒气体,但是可以引起人的窒息。在液化天然气船舶的泄漏事故中,泄漏出来的低温 LNG 液体会蒸发成气体。如果蒸发的 LNG 气体未点燃,会使 LNG 气体在空气中的浓度升高,氧气的浓度下降。当空气中的氧气浓度下降到一定程度,工作人员就会面临窒息的危险。

⑥ 低温的 LNG 液体能够使与其接触的低合金碳钢发生严重的脆性破裂。低温的液货和普通船体接触时,由于局部冷却产生过度的热应力会使船体产生自发脆性破裂,并失去延展性,从而危及整个船体

结构。

4.2.2　船舶因素

LNG 海上运输最基础的因素是船舶,它对整个运输作业的安全起主导作用。船舶因素包括船舶结构强度、浮性、稳性和船舶的设备状态等。LNGC 在运输时应满足最基本的要求,承载后的船体应在船舶强度条件允许的范围之内,并且满足船舶航行海区的稳性衡准指标、最大限度地利用船舶的装运容积,从而提高船舶的航行效率。

1. 船体结构强度

在货物不断装入和排出的过程中,船体时刻都处于变形中,对于大型和超大型液化天然气船舶更是如此,因为 LNGC 船体较长较宽,并且 LNGC 都是尾机型,泵间大部分也都设在尾部,这使得船体应力进一步加大。LNGC 的纵向弯矩和纵向应力使其非常容易超过船体的纵向强度允许范围,使船体的纵向强度构件由于发生永久变形而损坏。

2. 船舶稳性

船舶稳性是指船舶在海上航行时因受外力的作用,导致船舶发生倾斜,但不会倾覆,一旦外力消失仍可以回复到原平衡位置的性质。如果船舶的稳性不足,会导致船舶倾覆;如果稳性过大,又会引起船舶在风浪中航行时的剧烈横摇,使液货舱中的液货易于产生很强的自由液面效应,因此我们在装船完毕时必须保证船舶具有足够的稳性。

3. 船舶浮性

关于船舶自身浮力和重力的平衡问题,即浮性。在正常的情况下,LNG 的蒸气压力构成 LNG 货罐内的压力。其规律是 LNG 每升温 1℃,压力上升 0.03Mpa 左右。但是,当 LNG 充满整个货罐之后,液货的膨胀压力便是罐内的压力。这时温度继续上升 1℃,表示压力就会骤升 2.0～3.0MPa。可见,超载 LNG 是十分危险的。

4.2.3　LNG 装卸码头因素

预防事故的发生要注意 LNG 装卸码头配备的设施和设备种类、设备数量是否适合,并且发生事故后的处理同样非常重要。在一些设备较先进,安全措施做得好,各项规章制度严密的大型 LNG 液货码头,其装卸作业危险系数是非常小的。在众多的内河码头中,大多数为当地几家公司合资建设的,其经济利益考虑得比较多,从而造成多数内河码头设备简陋,不按规章办事,维护水平低,因此装卸作业危险系数高。

影响装卸作业安全的一个比较重要的方面是对现有设备的科学保管,以保证设备处于随时可用的良好状态。

4.2.4　人为因素

人为因素能够影响整个液货装卸作业的安全,也是一个包含多方面因素的复杂概念。随着科学技术的不断发展,船舶的质量及自身的可靠性不断提升,此时人为因素对海上运输安全的影响起到越来越重要的位置。在海上事故中,大约 4/5 的事故是由人为因素造成的。这一点已经在海运界众所周知,尤其是在碰撞案例中,人为因素所占的比重更大。

在 LNG 液货装卸作业中,具有操纵装卸行为的人,主要是 LNGC 船员和码头操作人员。通过大量的调查分析和事故统计分析,对于装卸安全工作中人的因素影响相当突出,主要存在以下问题。

① 从事装卸作业的工作人员,有些人的文化素质比较低,法律意识淡薄,并且专业知识有限。

② 从业人员由于对相关的法律法规了解少,违章,甚至非法操作。

③ 从业人员流动比较频繁,会影响技术水平的进一步提高。

总体而言,人为因素基本包括人的错误、人的不良行为、操作环境及自然环境对人的影响、安全管理、精神影响。

4.2.5　安全管理因素

安全管理因素是从两个方面进行分析的,一是安全管理体系,二是安全管理操作。安全管理因素对于防止事故的发生和发生事故后的处理具有非常重要的作用。然而,在实际的 LNG 作业当中,还存在以下问题。

1. 管理人员不称职

按照标准,LNGC 装卸货时,消防器材必须备齐,在接通装卸货管后,港监人员应会同船方试漏。合格后,港监人员同意开泵后才能装卸货,安全监督员需要在现场监督装卸货物的全过程。

2. 重视程度不高

船上对消防设备的准备也视港口的重视程度不同而异。

3. 形式主义

虽然安全检查部门每年都会安排相关的检查,但随时间的推移而愈发趋于形式化,从而忽视了检查的实质性。

4.2.6　自然环境因素

自然环境对于装卸作业安全的影响不是直接的而是间接的[20],包括码头所处海域的天气情况(海况条件、气象条件)和周围环境的地质情况等。

海况条件也属于影响安全的重要因素,因为 LNG 的装卸码头处于海域和陆域的交界部分,且 LNG 的装卸作业直接与海域相关。码头附近的水深、潮汐、海域流向特征等情况,以及航道状况等都会影响 LNG 的装卸作业。如果对海况条件不了解、不熟悉,或者不能够对特殊的海况条件作出及时、正确的应对,也会导致事故。

此外,LNG 装卸码头所处地域的特殊气象、海况条件和自然灾害等也会影响装卸作业的安全。

第 5 章　LNGC 通航风险识别与估计

5.1　风险识别的方法简介

5.1.1　风险及其分类

风险不仅是日常用语，也是科学术语。当前，全球对风险这一科学术语并没有统一的定义。风险分析协会（Society for Risk Analysis，SRA）认为给风险下一个准确的定义是比较困难的，同时最好不要给它一个统一的定义。然而，各种科学术语定义的核心内容基本是一致的。权威的韦伯字典定义风险为"面临着伤害或损失的可能性"。顶级科学刊物 *Science* 将风险的本质描述为不确定性。根据美国化学工程学会的定义，风险是某一事件在一个特定时段或环境中产生不利后果的可能性，即不幸事件发生的可能性[21]。

通过研究关于风险的各种定义，可以将风险定义为广义上的风险和狭义上的风险。危险的发生概率、出现何种事故及其出现概率、造成何种损失及其概率都是不确定的，这种事故发生过程中的不确定性，就是广义上的风险。在现实风险分析中，人们往往重点关注事故造成的各种损失，并把这种不确定性损失的期望值叫做风险，这就是狭义上的风险。本书的研究对象 LNGC 风险是指狭义上的风险。

5.1.2　风险识别方法

风险识别是运用感知、判断或归类的方式，对现存和潜在的风险性质进行鉴别。风险识别是风险管理的基础性工作，若要选择有效得当的方式来降低风险，首要工作是对自身面临的风险有准确合理的识别结果。准确而全面的风险识别结果，有利于提高风险分析的准度，便于后续风险估计和评价工作的顺利进行。

风险识别包括如下内容。

① 感知风险。识别出自身面临的风险。

② 分析风险。对导致风险事故的潜在诱因进行分析,研究事故发生的原因和条件。

5.2　LNGC 航行过程主要风险识别

借鉴国内外 LNG 海上运输安全管理等相关课题的研究成果[22],在对 LNGC 历史事故统计分析、研究的基础上识别出 LNGC 航行危险源,主要包括由于人为失误、船舶设备故障或环境恶劣,LNGC 与拖轮、商船、渔船及海上浮动生产装置等发生碰撞;LNGC 由于落潮、涌浪或驾驶员判断失误而搁浅;LNGC 在港内航行时撞击码头、防波堤或停靠的船舶等;由于没能及时避开台风、海啸自然环境的危害,造成船舶结构失效,发生航行事故等,详见附录 E。

5.3　LNGC 作业过程主要风险识别

LNGC 作业危险源主要包括 LNGC 停泊作业期间由于环境因素、过往船舶的人员失误或船舶设备故障,而被他船触碰;在 LNGC 装卸货过程中,由于船舶突然脱离停泊位置,造成卸货臂损坏,LNG 泄漏;在 LNGC 装卸货过程中,由于配载不当等,造成 LNGC 结构或稳性失效;在 LNGC 作业过程中,由于自然环境灾害、结构失效发生故障,详见附录 F。

5.4　LNGC 锚泊过程主要风险识别

风险因素指增加风险事故发生的概率或者严重程度的任何事件。组成风险因素的条件越多,发生损失的可能性就会越大,损失就越严重。借鉴国内外 LNGC 锚泊安全管理等相关课题的研究成果,在对 LNG 历史事故统计分析、研究的基础上识别出 LNGC 锚泊危险源,主要包括两种情况。

① 由于人为失误、船舶设备故障（锚链断裂）或环境恶劣导致的船舶走锚，使 LNGC 在锚泊水域与其他船舶或水工设施发生碰撞或浅水区域附近发生搁浅，如图 5.1 所示。

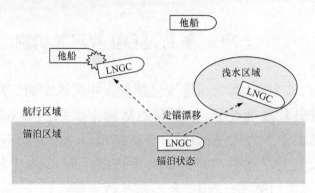

图 5.1　锚泊 LNGC 走锚风险示意图

由于人为、船舶或者是外界因素的影响，锚泊 LNGC 可能发生走锚事故。LNGC 走锚后，受环境因素的影响，LNGC 会发生漂移。由于环境因素的不确定性，LNGC 可能会漂移至锚泊区域外，与周围航行的他船或水工设施发生碰撞，抑或是漂移至浅水区域导致船舶搁浅。

② 由于他船操作失误或其他意外因素导致锚地附近过往船舶与锚泊的 LNGC 发生触碰或碰撞，如图 5.2 所示。

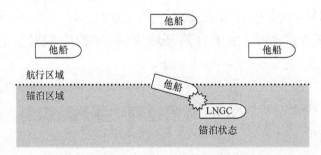

图 5.2　他船碰撞锚泊 LNGC 风险示意图

航行区域内的单船或船队由于操作失误或环境发生变化等原因，误入锚泊区域，可能与锚泊 LNGC 发生碰撞，他船碰撞可能导致 LNG 发生泄漏，LNG 泄漏至外界则存在发生火灾爆炸事故的可能。

风险辨识结果详见附录 G。

5.5　风险估计方法

为了有效减少和控制事故发生,使人员伤亡和经济损失降至所能承受的水平之下,需要对事故的发生机制进行客观描述和认识,对其中可能产生的有害影响进行估计。

风险估计的方法包括风险概率估计方法和风险影响估计方法两类。风险概率估计多采用统计分析和推断法。统计分析是指根据历史统计数据或大量实验来推定概率,属于客观估计。推断法是指当资料不全时,基于专家经验、知识或类似事件比较推断出概率,是一种个人的主观判断,属于主观估计。风险影响估计方法有概率树分析、蒙特卡罗模拟等。主要是借助现代计算机技术,运用概率论和数理统计原理进行概率分析,求得风险因素取值的概率分布,并计算期望值、方差或标准差和离散系数,表明风险的严重程度。当资料不全时,也可通过专家估计的方法。

风险由后果和概率共同决定。风险矩阵通过定性分析和定量分析综合考虑风险影响和风险概率两方面的因素,对风险进行估计,是一种有效的风险管理工具。

风险矩阵的基本思想是根据风险承担主体的实际情况,合理定义危险事件发生的可能性分级、后果严重程度分级与风险分级的标准,建立一个标准化用于对照参考的矩阵。将概率和后果的定性分析或定量分析结果比照为相应的分级,再计算风险分级,确定风险等级。

本书将各类 LNGC 通航危险事件发生的概率分为 5 个等级,从 1（不大可能发生）到 5（经常发生）,具体划分指标如表 5.1 和图 5.3 所示。后果严重程度分为 5 个等级,从 1（可忽略）到 5（灾难性）如表 5.2 所示。后果严重程度与船舶损失、人员伤害、环境污染等因素相关。

表 5.1　风险发生概率指标

等级	类型	频率指标/(船/年)	定义
1	不可能发生	<0.0001	不可能事件,不可能发生
2	发生的可能性极小	0.001~0.0001	生命周期内不太可能发生
3	偶尔发生	0.01~0.001	生命周期内有可能发生
4	可能发生	0.1~0.01	可能发生几次
5	经常发生	>0.1	经常发生

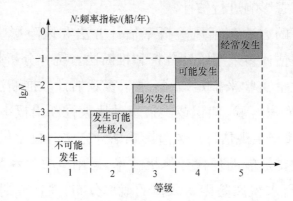

图 5.3　风险发生概率指标

表 5.2　风险后果严重性指标[23]

后果涉及对象		1	2	3	4	5
		可忽略	较轻	较严重	严重	灾难性
人员	船员	可以忽略	轻伤/ 一人受伤	重伤/ 多人受伤	一人死亡/ 多人重伤	多人死亡
	第三方	可以忽略	无伤	轻伤/ 一人受伤	重伤/ 多人受伤	有人员死亡/ 多人重伤
环境		可以忽略	轻微泄漏, 无影响	轻微泄漏, 无长期影响	较严重的泄漏, 有限的影响	不可控制的污染, 产生长期影响
财产		可以忽略	轻微损坏 船上可修复	损坏 港口修理/长 期靠港修理	重大损坏 坞修	船舶损毁

　　表 5.1 和表 5.2 的后果和概率划分等级都是间距尺度,不是比例尺度,只能进行加减运算计算各等级间的间隔,不可以进行乘除运算。通常,风险(R')=概率(P')×后果(C'),则有

$$\log(R')=\log(P')+\log(C') \tag{5.1}$$

其中,P'表示实际概率,对应的概率等级为 P,且 $P=\log(P')$;C'表示实际后果,对应的后果等级为 C,且 $C=\log(C')$;R'表示实际风险,对应的分析等级为 R,且 $R=\log(R')$。

风险矩阵和风险等级划分指标如表 5.3 和表 5.4 所示。

表 5.3　风险矩阵

发生的可能性(P)		后果严重程度(C)				
		1	2	3	4	5
		可忽略	较轻	较严重	严重	灾害性
1	极不可能发生	2	3	4	5	6
2	发生的可能性极小	3	4	5	6	7
3	偶尔发生	4	5	6	7	8
4	可能发生	5	6	7	8	9
5	经常发生	6	7	8	9	10

表 5.4　风险等级划分指标

风险值	风险等级
≤4	低风险
5、6	中等风险
≥7	高风险

因此,可以利用下面的式子定量计算风险值,即

$$R=P+C \tag{5.2}$$

5.6　航行过程风险估计

本节基于中国沿海通航环境特点,利用风险矩阵法,对 5.2 节识别出的 LNGC 通航进行估计,确定危险事件的风险等级,详见附录 H。

在 LNGC 航行碰撞事故中,虽然 LNGC 与海上储油船、浮动生产装置及军舰/潜艇发生碰撞的事故后果较严重,但发生此类碰撞的概率较低,通过风险矩阵分析,结果表明其属于低等风险。我国沿海渔船较多,LNGC 与其发生碰撞的概率较大,但渔船较小,事故后果较轻,综合得出的风险值同样较低。协助 LNGC 进出港的拖轮与 LNGC 发生碰

撞的概率较低,后果也不会太严重,风险值偏低。我国沿海商船较多,且具有大型化发展趋势,LNGC 与商船发生碰撞的概率与后果都处于中等水平,计算得出的风险也属于中等风险。目前,通常的规定是禁止 LNGC 乘潮进出港,因此 LNGC 由于落潮、涌浪发生的搁浅事故概率较低,而且这类搁浅的后果严重程度较低,历史上还没有因搁浅而造成 LNG 泄漏的事故,综合风险值低。LNGC 由于人为失误造成高速搁浅是搁浅类事故中风险相对较高的一类。LNGC 撞击发生时,通常 LNGC 是主动撞击船,撞击部位是 LNGC 船首,不会对 LNG 货物系统造成损伤,给 LNGC 造成的后果相对较小,属于低等风险。各种自然环境危害造成的事故通常后果较严重,但是自然灾害发生的概率较低,且可预测,通过采取应急措施可以进一步降低 LNGC 因自然灾害造成损失的概率,自然灾害给 LNGC 带来的风险较低。综上所述,在 LNGC 面临的航行风险中,LNGC 与商船碰撞、LNGC 高速搁浅是中等风险等级的危险事件,后面将进一步分析。

5.7　作业过程风险估计

利用风险矩阵法,对 5.3 节识别出的 LNGC 作业进行估计,详见附录 I。

与碰撞事故类似,LNGC 停泊期间被他船触碰的事故中,只有商船触碰会造成中等风险。装卸货过程中,卸货臂损坏造成的泄漏可通过阀门及时遏制,有效控制事故后果。船舶结构失效的概率和后果都较小。各种自然环境危害造成的事故通常后果较严重,但是自然灾害发生的概率较低,且可预测,通过采取应急措施可以进一步降低 LNGC 因自然灾害造成损失的概率,因此自然灾害给 LNGC 带来的风险较低。综上所述,在 LNGC 面临的作业风险中,LNGC 被过往商船碰撞是中等风险等级的危险事件,后面将进一步分析。

5.8　锚泊过程风险估计

本节基于长江中下游通航环境特点,利用风险矩阵法,对 5.4 节识别出的锚泊 LNGC 风险进行估计,选取内河小型 LNGC 作为研究主体,对 LNGC 锚泊危险事件进行估计,确定出危险事件的风险等级,详见附录 J。

长江中下游地区有一些小型渔船等相似类型的船舶,其航行灵活并且体积小,LNGC 锚泊时发生走锚与其发生碰撞的概率较小,碰撞后果也较轻,因此综合得出的风险值较低。长江干线货船较多,且具有大型化发展趋势,LNGC 走锚与货船发生碰撞的概率与后果都处于中等水平,计算得出的风险也属于中等风险。锚泊 LNGC 走锚发生时可能与水工设施碰撞或者发生搁浅事故,这种事故概率较低,并且事故的后果严重程度也较低,不会造成较大的危害,因此综合风险值为低。

LNGC 停泊期间被他船触碰的事故中,单船(货船)或者是船队撞击锚泊 LNGC 会造成中等风险。自然灾害发生的概率较低,且可预测,通过采取应急措施可以进一步降低 LNGC 因自然灾害造成损失的概率,因此自然灾害给 LNGC 带来的风险较低。综上所述,在锚泊 LNGC 面临的主要风险中,LNGC 被过往单船或船队碰撞是中等风险等级的危险事件。

通过对锚泊 LNGC 的分析,全面识别 LNGC 锚泊过程中的风险源,利用风险矩阵对各类风险源进行风险评估,结果表明中等风险有 2 个,分别是锚泊中的 LNGC 走锚,与货船碰撞或者锚泊的 LNGC 被过往单船或船队撞击。

第 6 章　LNGC 通航风险可接受标准的界定

6.1　风险评价标准形式

LNGC 风险侧重于 LNGC 的生命风险,因此提到的损失主要是指生命的伤害或丧失,即伤亡。生命风险又可以分为个人风险和社会风险。

6.1.1　个人风险

个人风险(individual risk,IR)是指在某一特定位置、某一特定周期内未采取任何保护措施的人员遭受特定危害的概率。通常情况下,这里的特定危害指的是个人死亡危害,特定周期指的是一年或者人的一生。

这里采用年死亡概率度量个人风险,即

$$\text{IR} = P_f P_{d/f} \tag{6.1}$$

其中,P_f 为事故发生概率;$P_{d/f}$ 为事故发生情况下个人死亡发生的概率。

个人风险顾名思义与个人相关,具有一定的主观性,取决于个人的偏好,即个人风险具有自愿性特征。根据人们是否自愿从事某种活动,可以将从事这项活动的风险分为自愿和非自愿两类。当然,这里所说的自愿取决于造成风险的活动是否为人们所控。通常,人们认为自愿的个人风险是可以控制的,非自愿的个人风险是不可以控制的。相对非自愿的个人风险来说,较高的自愿性个人风险容易被人们接受。例如,汽车的个人风险比飞机的大,但是人们普遍认为可以控制它,因此人们更愿意使用汽车。对于 LNGC 来说,船员应该承担自愿的个人风险,公众承担非自愿的个人风险。

6.1.2　社会风险

社会风险(societal risk,SR)用来表述事故造成人员死亡的累积概率与事故后果死亡人数之间的相互关系。社会风险是指同一时间、同一地点内影响很多人的灾难性事故风险。这类事故风险对社会的影响程度大,容易引起人们和社会的关注。

与个人风险不同,社会风险对事故涉及相关方不作是否自愿区分,将所有受影响的人看作一个整体来考虑。

6.1.3　个人风险与社会风险的比较

通过个人风险与社会风险的表述可以看出,个人风险和社会风险有一个明显的区别,个人风险强调某一特定位置死亡发生的概率,而社会风险针对的是受事故影响的整个区域,只关注受影响的人数,不考虑受事故影响的位置。

个人风险和社会风险的区别如图 6.1 所示。这两种情况有相同的个人风险,但图 6.1(b)的人口密度较大,因此具有较大的社会风险。

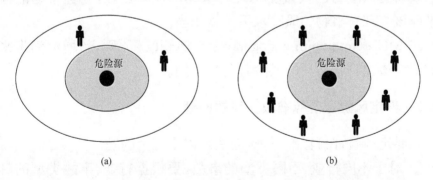

(a)　　　　　　　　　　　　　　　(b)

图 6.1　个人风险与社会风险比较

6.2　风险可接受标准的界定原则

界定风险评价标准之前,首先应该明确风险评价标准需要满足的界定原则,然后遵循这些原则来选取风险评价标准的界定方法。本节将从现有的风险评价标准界定方法、风险标准界定原则,以及关于风险评价标准必须注意的一些问题等,提出风险标准的界定方案。

6.2.1　现有风险标准界定原则

相对风险管理,人们通常认为风险越小越好。然而,在现实生活中,风险不可能无限地降低,因为降低任何风险都要付出一定的代价,不管是降低事故发生的概率,还是采取有效措施减小危险造成的损失,都必须投入大量的财力物力。基于以上考虑,应该适当地采取风险控制措施将风险控制在合理、可接受的水平,这样既不会有较大风险,也不会因过度降低风险造成损失。

目前,界定风险评价标准主要有以下四个原则。

① 接受合理的风险,不接受不必要的风险。只要降低风险措施合理可行,无论何种风险,都必须努力降低。

② 假如某种事故会带来很严重的后果,那么必须努力降低此事故发生的概率。

③ GAMAB(globalement au moiris aussi bon)原则,即比较原则,新建事物的风险与已被接受的现有事物的风险比较,新建事物的风险水平应该与现有事物的风险水平大体相当。

④ MEM(minimum endogenous mortality)原则,新增活动带来的风险不应该比日常活动的风险有明显增加。

6.2.2　界定风险评价标准应注意的问题

在界定风险评价标准时,应当注意以下五个问题。

① 对于不同行业、不同类型的事故,要根据行业、事故类型的具体情况,界定出不同的风险评价标准。

② 对于某一生命风险,必须同时满足个人风险评价标准和社会风险评价标准,才能认为此生命风险是合理的。

③ 由于事故对人员伤害难以量化,因此目前大部分国家风险评价标准的研究仍然采用死亡人数作为生命风险的度量。

④ 风险评价标准应该是随着风险控制技术的提高而不断降低,但一定时期内风险控制技术维持相对稳定,因此风险评价标准具有一定

的时效性。

⑤ 风险评价标准会受到各种主客观条件的制约,如经济发展状况、文化背景等,因此风险评价标准具有一定的地域性。

6.2.3　风险可接受标准界定原则

在以上研究分析的基础上,可以得出界定风险评价标准主要有以下原则。

(1) 平等原则

对每个人而言,生命都是宝贵的,在风险面前人人平等。风险评价标准是一个人能够承受的最大风险值,不能使任何一个人暴露在超过这一限值的风险之下,否则必须采取措施降低风险。

(2) 效用原则

对标准以下的风险,还需要进行成本收益分析,只要风险降低措施合理可行,任何风险都应该进一步降低,既可以实现资源的优化配置,又可以有效的降低风险。

(3) 实际风险原则

任何风险都受到主客观因素的制约,在界定风险评价标准时,应以客观实际风险为基础,兼顾技术水平、管理水平、文化差异等因素对风险水平的影响。

(4) 行业差异原则

各个行业的风险状况都不同,因此不同行业应根据自身的客观情况界定出不同的风险评价标准,但公众的风险评价标准应为统一值,不分行业。

(5) 动态性原则

从短期来看,风险评价标准应该是相对稳定的,具有一定的时效性。从长期来看,风险评价标准应该是动态的,随着风险控制措施技术水平的发展,风险评价标准应该是不断降低的。

(6) 地域性原则

人们愿意承受的风险水平很大程度上受到地方经济发展状况、地方观念等因素的制约,有明显的行政管理区域性,因此不同的区域应该有不同的风险评价标准。

（7）相关方平等协商原则

风险评价标准应由相应的风险相关方在客观风险基础上平等协商决定。风险提供者与风险承受者是最主要的风险相关方，风险评价标准的界定主要是为了平衡双方的利益关系，只有做到双方平等协商，才能使风险提供者与风险承受者都接受该风险。

6.3　风险评价标准界定方法简介

现有的风险标准界定方法可以分为主观意愿类、实际风险类、协调平衡类三类。

6.3.1　主观意愿类

此类方法主要取决于风险承受者的意愿，凭借他们的意愿来界定风险评价标准。风险承受者愿意承担多大的风险，与承受该风险获得的直接或间接收益是相关的。例如，香港土力工程处采用问卷调查的形式了解公众对滑坡灾害风险的意愿程度来界定滑坡灾害的风险标准。

这类方法的不足之处在于，对实际风险情况关注很少，仅考虑了风险承受者的主观意愿，主观性很强，容易受到各种主观因素（心理、文化背景、生存环境等）的影响。此外，对风险提供方的要求缺乏关注，造成界定的风险标准在现实生产活动中难以实施。

6.3.2　实际风险类

此类方法考虑风险的现实状况，以某一实际情况下潜在风险的大小作为关注重点，依据得到的潜在风险值界定风险评价标准。此类方法可分为统计法、对比法和分析法。

统计法先要对历史事故资料进行统计整理，通过对事故数据分析，界定风险评价标准。对历史事故资料的统计整理是界定风险评价标准必不可少的环节。同时，此方法得出的风险与实际风险水平基本一致，因此多数人倾向于采用此方法。

对比法是基于不同类型风险评价标准或者不同国家同一类型风险评价标准之间的横向比较,来界定风险评价标准。

分析法是从安全经济学的角度分析产生风险的系统,通过费用效益分析界定风险评价标准。目前还没有能够准确表述安全投入与安全产出之间的效用函数,因此该方法只能用于理论上的讨论。此外,分析法只关注风险系统,以求取经济上的最优,不考虑风险承受者的主观因素,所以分析法还需要进一步完善。

统计法、对比法和分析法仅关注客观实际风险,忽略了风险承受方的主观意愿,这就造成界定的风险评价标准可能会强加到风险承受方身上,难以确保界定的标准公平。

6.3.3　协调平衡类

协调平衡法是通过协调风险相关方或者风险相关因素达到某种平衡状况来界定风险评价标准的方法。该方法可分为风险相关方协商平衡法和风险主客观因素协调平衡法。

风险相关方协商平衡法是风险相关方通过协商并达成一致界定风险标准的方法。为了确保风险相关方协商的结果不会较大偏离实际风险水平,在协商之前应该给出合理的协商范围,虽然协商的方式不是严谨的界定风险评价标准的方法,但是它可以使风险相关方达成共识。界定风险评价标准的目的主要是缓和风险提供方和风险承受方之间的矛盾,因此风险相关方协商平衡法是合理可行的。

风险主客观因素协调平衡法是通过协调人与实际风险之间的关系从而界定风险评价标准的方法。荷兰水防治技术咨询委员会(TAW)通过协调风险承受方的主观意愿和实际风险的客观状况[24],界定个人风险评价标准,即

$$IR < \beta \cdot 10^{-4}/\text{年} \tag{6.2}$$

其中,IR 为个人风险;β 值随着个人参与危险活动的自愿程度和可能获利的大小而变化,不同的活动有不同的 β 值。

随着个人自愿程度和利益效益的增加,人们可接受的风险水平从

10^{-6}/年增加到 10^{-2}/年。

协调平衡法界定风险评价标准的思路比较合理,同时考虑风险的主观因素和客观实际状况。但是,风险相关方协商平衡法涉及的风险相关方较多,不只是风险承受者和风险提供者,致使界定的风险评价标准受众多其他相关方的影响,不能集中体现风险承受者和风险提供者的主观意愿。风险主客观因素协调平衡法中的意愿系数 β 主要由个人或一部分人选取的,其代表性不足,因此界定的风险评价标准难以服众。

6.4 风险评价标准界定方法的理论依据

目前,界定风险评价标准主要遵循以下四个理论依据,即 ALARP 原则、FN 曲线、风险矩阵、经济优化分析。下面分别对这四个理论依据简要介绍。

6.4.1 ALARP 原则

ALARP 原则的实质是任何系统都有风险,凭借防范措施完全消除风险是不可能的,而且当系统的风险水平越低时,要再次降低风险水平就越困难,其费用成本常常以指数规律上升。因此,需要在系统的风险水平和费用成本之间做出一个合理的选择。

一般情况下,ALARP 原则将风险分为三个区域,即不可接受风险区、最低合理可行区(ALARP 区)和可忽略风险区,如图 6.2 所示。在风险管理中,如果通过风险分析得出的风险评价值在不可接受风险区,那么就必须采取强制措施降低风险;如果风险评价值在可忽略风险区,则说明系统风险水平很低,是可以忽略的,不需要采取任何风险预防措施;如果风险评价值在 ALARP 区,就需要在实际情况下对各种风险防范措施进行费用效益分析,然后选择费用少、效益高的风险防范措施尽量降低风险。

事实上,ALARP 原则就是要界定两个风险分界线,即可接受风险线和可忽略风险线。如图 6.2 所示,上水平线为可接受风险线,下水平线为可忽略风险线。一般情况下,可忽略风险线小于可接受风险线 1~2 个数量级。

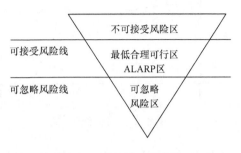

图 6.2　ALARP 标准图

6.4.2　FN 曲线

1967 年,Farmer 首次利用概率论的方法建立了一条适用于各种灾害事故的限制曲线,即 FN 曲线。最初,FN 曲线应用于核电站的风险评价中,后来又广泛用于定义风险评价标准。FN 曲线表示人群中有 N 个或更多的人受到影响的累计频率。FN 曲线是一种有效描述风险信息的手段,采用死亡人数与事故发生频率之间关系的图形来表现频率和后果信息,通过 FN 曲线,可以更有效地做出风险及安全水平方面的决策。

如图 6.3 所示,FN 曲线图的横轴表示事故伤亡人数,N_{max} 表示一次事故可能造成的最大死亡人数,纵轴 $F(N)$ 为死亡人数大于或等于 N 的事故发生概率。假设 $f(N)$ 表示死亡人数恰好为 N 人的事故发生概率,则有

$$F(N) = \sum_{i=N}^{N_{max}} f(i)$$

$$\text{(6.3)}$$

$$f(N) = F(N) - F(N+1)$$

FN 曲线图的横轴表示某一事故造成的后果,纵轴表示该事故发生情况下人员死亡的累积概率,将事故发生情况下的致死累积概率和事故造成的后果以曲线的形式表示出来。每次事故都对应 FN 曲线图中的一个点,如果这个点落在 FN 曲线上方,则该事故具有较高的风险;如

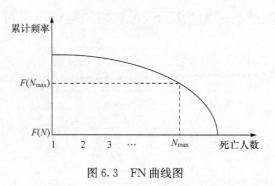

图 6.3　FN 曲线图

果这个点落在 FN 曲线下方,则该事故具有较低的风险。

FN 曲线可以表示为

$$P_f(x) = 1 - F_N(x) = \int_0^\infty x f_N(x) \mathrm{d}x \tag{6.4}$$

风险评价标准的分界线可以表示为

$$P_f = 1 - F_N(x) \leqslant \frac{C}{x^n} \tag{6.5}$$

其中,$F_N(x)$ 为年死亡人数小于 x 的概率分布函数;C 为决定 FN 曲线位置的常数;n 为分界线的斜率。

通常情况下,n 只取 1、2 两个值。当 $n=1$ 时,风险水平为中立型风险;当 $n=2$ 时,风险水平为厌恶型风险,由于厌恶型风险的事故后果比较严重,因此其风险的可接受概率较低。例如,当给定事故导致的死亡人数 $x=1$ 时,社会可接受风险为 C;当该事故死亡人数 $x=10$ 时,则社会可接受风险变为 $0.01C$。这表明,社会对事故后果比较严重的风险更为关注,要求更为严格。

用 FN 曲线界定社会风险评价标准时,原则上可以把待评价 FN 曲线与标准 FN 曲线进行比较即可。如果待评价 FN 曲线高于或者低于标准的 FN 曲线,那么就可以立刻得出待评价 FN 曲线的事故风险水平高于或者低于标准 FN 曲线的事故风险水平;如果待评价 FN 曲线与标准 FN 曲线交叉时,那么就不能确定待评价 FN 曲线的事故风险水平的高低,此时 FN 曲线界定社会风险评价标准就显得无能为力。

6.4.3　风险矩阵

当遇到无法计算出风险值的多种事故风险或单个事件风险时,我们可以采用定性的方法表示这类风险,将事故的发生概率与事故造成的后果同时放入一个矩阵中,此矩阵即为风险矩阵,如图 6.4 所示。风险矩阵可分为三个区域,即不可接受风险区、最低合理可行区和可忽略风险区。

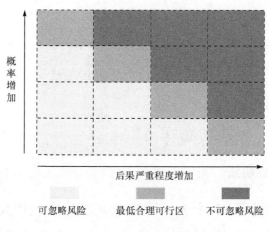

图 6.4　风险矩阵示意图

风险矩阵常用于定性风险评估,可以将事故发生概率粗略地分为稀少、一般和频繁,事故后果可分为小、中、大三类。因此,事故的风险可以在风险矩阵中表示出来,特别是在无法得出风险值的时候,风险的定性分析依然相当重要。

6.4.4　经济优化分析

经济优化分析要求从总体上考虑费用和效益的关系,以实现资源效益的最优化配置为目的,而实现这个目的的关键因素取决于如何准确地计算效益,以及如何正确地估计费用。对于船舶工程来说,费用主要包括为了保护船舶在海上运输过程中安全运行、防止或减少海运危险的发生,而产生的相关支出。效益则是投入该部分资金后获得的收益,即达到预期风险管理目标降低损失。一般情况下,预防风险的效益与降低风险投入的费用之间是反比关系,依据边际理论即可确定风险分界线,如图 6.5 所示。

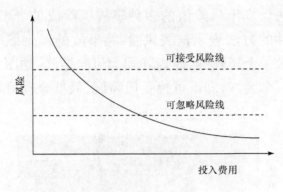

图 6.5　风险水平与经济投入曲线

6.5　个人风险评价标准界定方法的研究

6.5.1　基准值协商法

遵循实际风险原则,个人风险标准基准值应该用风险水平的平均数来表示。平均数既可以反映风险水平的整体情况,又可以避免技术水平、管理水平、文化差异等因素对风险水平的较大影响。然而,平均数可分为算术平均数、调和平均数、几何平均数、众数和中位数,个人风险标准基准值具体选用哪个平均数,要根据具体的研究对象来定。

风险评价标准的界定需要大多数人承认并接受这一风险值,要确保风险评价标准基准值不被拒绝,就必须保证风险评价标准基准值与实际风险大体相当,并且有风险收益。

依据 ALARP 原则,仅通过计算平均数得到风险评价标准基准值是不够的,必须考虑风险相关方的利益,因此基于风险评价标准基准值,风险相关方协商界定风险评价标准。

通常情况下,在一般会议中,会议提议一般要求 1/2 以上的人赞成才算通过。因此,把 1/2 作为风险水平的分界线,即将风险评价标准基准值 R_b 上下移动 1/2,得到风险可接受线(上限)和风险可忽略线(下

限),协商结果如式(6.6)和式(6.7)所示,即

协商上限

$$R_{上限} = R_b \cdot \left(1 + \frac{1}{2}\right) \tag{6.6}$$

协商下限

$$R_{下限} = R_b \cdot \left(1 - \frac{1}{2}\right) \tag{6.7}$$

6.5.2　效用函数法

基于 ALARP 原则,我们可以界定风险评价标准,但是对 ALARP 边界的界定存在较大的主观性。为了避免 ALARP 原则主观因素的影响,依据经济学的生产函数理论[25],可以建立与生产函数类似的风险效用函数,表述 LNGC 通航风险状况。基于风险效用函数及其边际风险服从先递增、后递减的变化规律来界定 ALARP 边界,消除主观因素的影响,提高风险评价标准的可信度。

在经济学中,生产效用函数是生产投入和效益产出之间的数量关系表达式,即

$$x = f(I_0) = f(A_1, A_2, \cdots, A_n) \tag{6.8}$$

其中,x 为产出的效益;$I_0(A_1, A_2, \cdots, A_n)$ 为生产投入的要素和其他影响因素。

同理,我们可以建立风险效用函数。风险效用函数是安全措施投入(安全投资)与系统风险水平(效益产出)之间数量关系的表达式(图 6.6),即

$$R = f(I) \tag{6.9}$$

其中,R 为系统的风险水平,对于船舶运输业来说,即船舶事故的伤亡情况;I 为系统的安全措施投入,即安全设备的购置、安装和维护等方面的硬件投入和员工的操作培训费、工资和福利等方面的软件投入。

基于边际效益理论,边际函数是指在其他生产要素投入量不变的情况下,某一特定生产要素投入量每增加一单位带来的产出的增加量。对于风险效用函数而言,安全措施投入 I 的边际函数为

$$MP = \frac{\partial R}{\partial I} \qquad\qquad (6.10)$$

　　基于生产函数理论,生产投入的边际函数一般服从先递增后递减的规律。因此,我们可以认为安全投入的边际函数也服从先递增后递减的规律。

　　如图 6.6 所示,如果系统不增加任何安全措施的投入,那么系统将处于最高风险水平和最低边际效益的状态;在 OA 段,系统安全措施投入 I 的边际效益是逐渐递增的,这说明在 A 点之前,不应该中止任何对系统的安全措施投入,因此我们可以把 A 点对应的风险水平认定为风险上限 $R_{上限}$,即风险水平高于 $R_{上限}$ 为不可接受风险;在 AB 段,系统安全投入 I 的边际效益逐步递减,这说明只要增加安全措施投入,系统的风险水平就会进一步减小,但是增加安全措施投入的作用越来越有限,在当前技术条件下,当增加安全措施投入的作用最小时,系统的风险几乎达到最低水平,即 B 点对应的风险水平,因此我们可以把 B 点对应的风险水平认定为风险下限 $R_{下限}$,即风险水平低于 $R_{下限}$ 为可忽略风险。风险上限 $R_{上限}$ 与风险下限 $R_{下限}$ 之间的风险水平是可以容忍的,即 ALARP 区 $R_{上限}$ 与 $R_{下限}$ 分别为 ALARP 的上下边界。

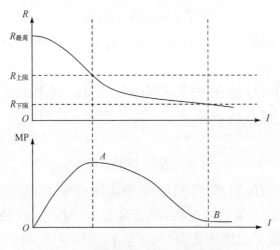

图 6.6　风险效用函数和边际函数

　　目前,还很难得出关于 LNGC 的安全效用函数,因此无法采用效用函数法界定风险评价标准。

6.5.3　意愿系数法

由于各个国家的具体国情和界定方法不同,因此不同国家界定出的个人风险评价标准应该是不同的。通常情况下,当日常生活中风险小于 10^{-6}/年时,我们可以认定该风险低至可接受水平;当日常生活中风险大于 10^{-6}/年时,我们可以认为该风险与从业者的意愿有一定的关系。因此,界定风险评价标准时必须顾及人们从事某行业的意愿程度。

一般情况下,意愿系数 β 的取值范围是 $0.01 \sim 100$,它由活动在危险区域内人的自愿程度和可能获得的利益决定。如果自愿程度高、可能获得的利益大,那么 β 取大值;如果自愿程度低、可能获得利益小,那么 β 取小值。例如,英国在确定可容忍风险标准时,健康、安全、环境行业协会(HSE)重点分析了各个方面利益,最终确定 10^{-3}/年和 10^{-4}/年分别作为员工和公众的可容忍风险标准;荷兰 TAW 采用意愿系数法界定个人风险评价标准。根据英国 HSE 和荷兰 TAW 确定的意愿系数,通过 LNGC 船员与公众自愿程度和获利的对比,确定公众的意愿系数为船员意愿系数的十分之一较为合理。

6.5.4　修正系数法

每一个国家和地区界定的风险评价标准能否适用于其他国家和地区,都必须进行严格地探讨,尤其是像我国这样国情复杂的发展中国家。假如我国把西方发达国家的风险评价标准照抄照搬过来,在付出巨大安全费用支出后仍难以达到国外标准,那就得不偿失了,因此必须建立适合我国国情的风险评价标准。

目前,界定风险评价标准一般采用历史事故统计的办法,但由于我国历史事故统计材料不够全面,因此不能据此得出我国风险评价标准。然而,在其他国家和地区风险评价标准的基础上,我们可以适当地进行修正,从而得出我国的风险评价标准。

相比其他国家和地区的风险管理理念和技术,我国在风险管理水平上仍存在一定的差距。为了更好地借鉴其他国家和地区的风险评价标准,修正系数应该由我国某行业的实际情况和该行业的收入水平决定,因此为从这两方面确定修正系数,人们分别选取该行业的从业人数和生产总值代表该行业的实际情况和收入水平。修正系数用 K 来表示,计算如下,即

$$K=\frac{\mathrm{GDP}_1/D_1}{\mathrm{GDP}_2/D_2} \tag{6.11}$$

其中,GDP_1 为基准国家或地区某行业生产总值;D_1 为基准国家或地区某行业从业人数;GDP_2 为目标国家或地区某行业生产总值;D_2 为目标国家或地区某行业从业人数。

6.5.5 风险控制因子法

对于生产安全,我国在城市区域性定量风险评价上取得了一定进展。通过研究我国生产安全方面的风险标准,参考其他国家和地区的研究方法,提出层次分析法(analytic hierarchy process,AHP),分析风险影响因素对风险值的影响,从而解决无风险评价标准界定方法问题。

风险控制因子法首先是风险影响因素识别,主要从安全事故后果特征、风险可控性、人的安全意识水平和认识的不确定性方面考虑;其次,确定风险影响因素评价指标体系,可以根据两类危险源理论中的第二类危险源(危险影响因素)分析得出风险影响因素评价指标体系;再次,通过专家对各个风险影响因素指标进行比较,利用层次分析法计算各个风险影响因素评价指标的权重;最后,依据专家对各个风险影响因素指标的打分,计算出风险控制因子,进而得出风险评价标准。

风险控制因子法在风险基准值的基础上,考虑风险影响因素对实际风险水平的影响,反映人们的活动能够对风险起到抑制作用。因此,该方法得出的风险评论标准更加合理。

6.6 社会风险评价标准制定方法的研究

6.6.1 分段折线法

通常情况下,社会风险用来描述影响范围很大的事故风险,对于事故风险影响范围内的每个个体来说,任何一次事故都是偶然发生的独

立事件。社会风险通常用 FN 曲线图表示,则 FN 曲线上每个点的意义如下,即

$$S_n = \frac{a_1(1-q^n)}{1-q} \tag{6.12}$$

其中,S_n 为累积频率;a_1 为等比列首项;q 为等比数列公比;n 为总人数。

由于 $a_1 = q$,且 q 远小于 1,则 $S_n = q/(1-q)$。通常情况下,q 小于 10^{-3} 或更小,因此可以取 $S_n = q$。这说明,个人风险是社会风险的最小单元,个人风险评价标准值可以作为社会风险评价标准线的起点,即式(6.5)中 C 为个人风险评价标准值。

依据《企业职工伤亡事故调查分析规则》、《企业职工伤亡事故分类标准》、《企业职工伤亡事故经济损失统计标准》和事故发生的实际情况,我们按照死亡人数可以把事故分为如下五种情况。

① 当没有人员死亡时,即 $x=0$,事故后果较轻,通常可以接受较大的事故概率,但必须要求其在个人风险标准以下。

② 当事故导致 1～2 人死亡时,即 $1 \leqslant x \leqslant 2$,事故后果较严重,必须加大对风险控制力度,此时 n 取 1。

③ 当事故导致 3～5 人死亡时,即 $3 \leqslant x \leqslant 5$,事故后果非常严重,必须严格控制风险,此时 n 取 2。

④ 当事故导致 6～9 人死亡时,即 $6 \leqslant x \leqslant 9$,事故后果相当严重,必须高度警惕预防并减小风险,此时 n 取 3。

⑤ 当事故导致 10 人及以上死亡时,即 $n \geqslant 10$,事故后果为国家规定的特大伤亡事故,无论如何该风险都是不可接受的。

综上所述,根据相关标准对 LNGC 的事故也进行分类,从而确定社会风险评价标准中 n 的取值。

6.6.2　线性回归法

在统计学中,线性回归是利用称为线性回归方程的最小平方函数对一个或多个自变量和因变量之间的关系进行建模的一种回归分析。在回归分析中,只包括一个自变量和一个因变量,且二者的关系可用一条直线近似表示,此回归分析为一元线性回归分析;如果回归分析包括

两个或两个以上的自变量,且因变量和自变量之间是线性关系,则为多元线性回归分析。

对于影响范围较大的事故来说,人们通常更关注事故后果对社会的影响。然而,社会风险一般用 FN 曲线图来表示,FN 曲线社会风险评价标准常采用下式表示,即

$$F \times N^a = r \tag{6.13}$$

其中,F 为累积概率;N 为死亡人数;r 为常数;a 为风险规避因子。

一般情况下,F 值与 N 值变动较大,所以经常用对数坐标系表示 FN 曲线图。经过对数变换,可以得到下式,即

$$\lg F = -\alpha \lg N + \lg r \tag{6.14}$$

通过历史事故统计数据,可以计算得到多组的 $\lg F$ 和 $\lg N$。我们首先对历史事故统计数据进行层次聚类分析,把异常数据去掉,然后对其他多组事故数据进行线性回归分析。由以上公式可知,回归分析之后,可以得出 $\lg F$ 与 $\lg N$ 之间的线性关系。

6.6.3　曲线下移法

界定社会风险评价标准最简单、最直接的方法是定义一条标准的 FN 曲线。如果社会风险水平在这条标准的 FN 曲线之上,则认为此风险不可接受;如果社会风险水平在这条标准的 FN 曲线曲线之下,则认为此风险可以接受。

因此,采用类似典型事故已有的 FN 曲线,向下移动一定距离作为社会风险的标准 FN 曲线,即取类似典型事故已有 FN 值的一部分作为社会风险评价标准。

6.6.4　经验公式法

目前,世界上大多国家和地区都利用 FN 曲线表示社会风险,其 FN 曲线通用公式如下。通常情况下,n 取 1 为中立型风险;n 取 2 为厌恶型风险,即

$$P_f(x) = 1 - F_N(x) \leqslant \frac{C}{x^n} \tag{6.15}$$

其中,$F_N(x)$ 为年死亡人数小于 x 的概率分布函数;C 为决定 FN 曲线位置的常数;n 为分界线的斜率。

基于社会风险的研究现状,Vrijling[26]给出一种关于固定地点或设施的社会风险评价标准的界定方法,他认为 n 应该取 2,常数 C 可由下式得出,即

$$C = \left(\frac{100\beta}{k\sqrt{N_A}} \right)^2 \tag{6.16}$$

其中,N_A 为固定地点或设施在国家水平上的数值;k 为折扣因子;β 为自愿系数。

此式为各个国家和地区界定适应各自经济状况的社会风险标准提供了理论依据。

6.7　LNGC 个人风险评价标准的界定

根据实际风险类,以年死亡概率 AFR 度量 LNGC 个人风险。对世界部分国家和地区机构指定的个人风险标准[24]进行统计整理,如表 6.1 所示。根据风险标准制定的原则,参考个人风险标准,利用对比方法确定 LNGC 碰撞事故可接受风险为 1.0×10^{-7}/年。

表 6.1　部分国家和地区机构指定的个人风险标准

国家/地区	适用范围	最大容许风险/年	可忽视风险/年
荷兰	新建工厂	1×10^{-6}	1×10^{-8}
荷兰	现有工厂	1×10^{-5}	1×10^{-8}
英国	现有危险性工业	1×10^{-4}	1×10^{-6}
英国	新建核电站	1×10^{-5}	1×10^{-6}
英国	现有危险物品运输	1×10^{-4}	1×10^{-6}
英国	靠近已建设施的新民宅	3×10^{-6}	3×10^{-7}
中国香港	新建工厂	1×10^{-5}	—
新加坡	新建和已建设施	5×10^{-5}	1×10^{-6}
马来西亚	新建和已建设施	1×10^{-5}	1×10^{-6}
文莱	已建设施	1×10^{-4}	1×10^{-6}
文莱	新建设施	1×10^{-5}	1×10^{-7}
澳大利亚西部	新建工厂	1×10^{-6}	—
加利福尼亚	新建工厂	1×10^{-5}	1×10^{-7}

6.8　LNGC 社会风险评价标准的界定

根据 LNGC 事故特点,采用失效概率 PF 衡量 LNGC 的社会风险。根据风险的现实状况利用统计法确定社会风险可接受标准。历史数据[27]显示,截至 2007 年,全球 LNGC 碰撞事故概率为 6.7×10^{-3} 艘次/年,且随着 LNGC 技术的发展逐年下降。因此,LNGC 碰撞事故可接受概率设为 1.0×10^{-4} 艘次/年。

第 7 章　LNGC 通航风险定量评价模型

7.1　LNGC 通航风险计算模型

就风险理论而言，LNGC 的碰撞事故风险定量计算可以表示为
$$R(l) = P_{\text{LNG}} C_{\text{LNGC}}(l) \tag{7.1}$$
其中，$R(l)$ 表示目标距 LNGC 处的风险；P_{LNG} 表示事故概率子模型，即 LNGC 碰撞事故池火发生概率；$C_{\text{LNGC}}(l)$ 表示事故后果子模型，即目标距 LNGC 池火中心 l 处的死亡率。

事故概率子模型由两个模块组成，即 $P_{\text{LNG}} = P_{\text{LNGC}} \times P_{\text{fire}}$，$P_{\text{LNGC}}$ 表示 LNGC 在航道内与其他船发生碰撞事故的概率；P_{fire} 表示碰撞事故发生后 LNG 泄漏且发生池火的概率。

LNG 风险计算模型如图 7.1 所示。

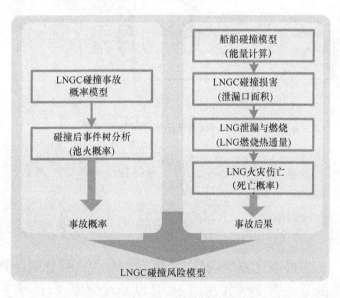

图 7.1　LNG 风险计算模型

事故后果子模型由船舶碰撞模块、LNGC 碰撞损害模块、LNG 泄

漏与燃烧模块和 LNG 火灾伤亡模块组成。各个模块都有各自独立的理论基础与计算方法,在模型的构建中将 LNGC 碰撞事故发生后 LNG 液体的位置与状态联系起来。

7.2　LNGC 事故概率计算模型

7.2.1　碰撞事故概率计算模型

船舶碰撞概率模型[28]根据船舶在航道内的分布函数计算船舶发生碰撞的概率,将船舶碰撞概率与船舶空间分布联系起来。据此,参考 IWRAP(国际航标协会水道风险评估软件)模型,以他船在 LNGC 通航停泊水域的空间分布为基础构建 LNGC 碰撞事故量化计算模型。

在直线航道中,碰撞事故发生时,两船可能处于对遇或追越两种局面,如图 7.2 所示。两种局面下的碰撞概率可由下式计算,即

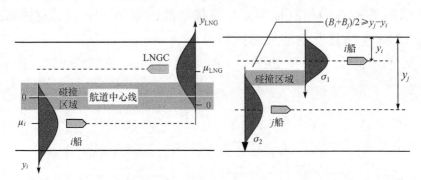

图 7.2　直线航路船舶碰撞概率图

$$P_{\text{LNGC}}^{i} = \sum_{j} D_{j\text{LNG}}^{i} \frac{V_{j\text{LNG}}}{V_{j}V_{\text{LNG}}} (Q_{j}Q_{\text{LNG}}) \times P_{Ci} \times L_{f} \qquad (7.2)$$

其中,$D_{j\text{LNG}}^{1} = D_{j\text{LNG}}^{2} = \displaystyle\int_{-(B_{j}+B_{\text{LNG}})/2}^{(B_{j}+B_{\text{LNG}})/2} f_{j}(y)\mathrm{d}y$ 为发生对遇碰撞和追越碰撞的

几何概率[29],为提高计算准确度,可将船舶分为 j 类分别计算,$f_{j}(y)$ 表示 j 类船舶的分布密度函数,以 LNGC 纵轴线为原点,B_{j} 为 j 类船船宽,B_{LNG} 为 LNGC 船宽;$V_{j\text{LNG}}$ 为 LNGC 与他船的相对航速;Q_{j} 表示 j 类船舶的交通量;Q_{LNG} 表示 LNGC 的交通量;P_{Ci} 为致因因子[30],指船舶处

于会发生碰撞、搁浅的航向上,由于未能采取有效的操纵措施,而致使碰撞事故发生的概率,取 $P_{C2} = 1.1 \times 10^{-4}$;$L_f$ 为航道长度。

7.2.2　撞击概率计算模型

LNGC 停泊时被过往船舶撞击的概率如图 7.3 所示,计算公式如下,即

$$P^i_{\mathrm{LNGC}} = \sum_j D_{j\mathrm{LNG}} \times Q_j \times Q_{\mathrm{LNG}} \times P_{Ci} \tag{7.3}$$

其中,$D_{j\mathrm{LNG}} = \displaystyle\int_0^{(B_j + B_{\mathrm{LNG}})/2} f_j(y)\mathrm{d}y$ 为发生触碰的几何概率,为提高计算准确度,可将船舶分为 j 类分别计算;$f_j(y)$ 为 j 类船舶的分布密度函数,以 LNGC 纵轴线为原点;B_j 为 j 类船船宽;B_{LNG} 表示 LNGC 船宽;Q_j 表示 j 类船舶的日交通量;D_{LNG} 表示 LNGC 每年停泊的天数;P_{Ci} 为致因因子。

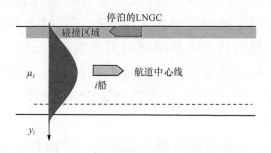

图 7.3　停泊船舶被触碰示意图

由以上公式可以看出,LNGC 通航与停泊过程中发生碰撞的概率与水域中船舶流量及分布情况有关,同时与船舶的宽度有一定的关系。此外,航行中的碰撞概率还与航道长度成正比,也受两船速度和相对速度影响。

7.2.3　火灾事故概率计算模型

碰撞造成 LNG 泄漏后引发池火的概率可以用事故树(图 7.4)[31] 来计算。以船舶碰撞事故为初始事件,考虑 LNGC 货舱分布等结构特性、LNG 运输船载货状态、LNG 泄漏后被点燃的概率等因素构建事故

树,分析并量化计算 LNGC 发生碰撞事故后池火的发生概率。

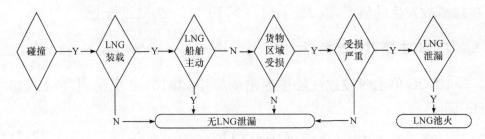

图 7.4　LNGC 发生碰撞风险事件树

LNGC 通航期间碰撞事故发生时,LNGC 可能是撞击的主动方,也可能是被撞击的一方。假设 LNGC 在碰撞事故中被撞的概率是 0.5,若 LNGC 作为碰撞的主动方,则受损部位很可能是船艏部,破舱的可能性较小,我们假设 LNGC 严重损坏的概率可以忽略不计,因此对这种情形不予研究;反之,LNGC 被他船撞击,货舱部位受损的可能性较大。

碰撞事故发生时,LNGC 的装载状态对碰撞造成的后果有直接的影响,LNGC 若空载,船舶受损后无论破舱与否都不会有 LNG 泄漏的危险;当 LNG 满载时,LNG 会因破舱而泄漏,泄漏的状况与破损程度有直接的关系。根据液化天然气运输贸易的特点,假设液化天然气船压载航行的时候大约占 50%,因此货物装载情况的概率也相同,满载与空载的可能性都为 0.5。

船舶受损程度分析包括受损区域和受损严重程度两方面的概率分布分析。船舶受损区域分为载货区和非载货区,以一艘典型的 LNGC 作为基准,非载货区包括占船长的 35%,因此非载货区的受损概率取 0.35,载货区受损概率取 0.65。

船舶受损严重程度根据历史事故统计资料和船舶结构特征计算得出,非载货区船舶严重受损概率为 0.05;载货区内 LNGC 处于装载状态下概率为 0.914,船舶处于压载状态概率为 0.086。

在 LNG 泄漏概率计算中,假设只有 LNGC 在装载状态下被他船碰撞载货区严重受损才会导致 LNG 泄漏,因此根据以上条件将概率取值为 0 或 1。

根据 LNGC 运输的特点,LNG 泄漏危害模型包括低温损害、蒸汽云被点燃及池火发生的概率。蒸汽云被引燃的概率为 0.1；池火发生的概率在蒸汽云被引燃时的概率为 1，蒸汽云未被引燃时的概率为 0.11。

综上分析，计算得出 LNGC 通航期间发生碰撞事故引发池火的概率是 2.8×10^{-6} 艘次/年。

LNGC 停泊期间发生碰撞事故后池火发生的概率与 LNGC 通航期间的类似，唯一不同的是停泊期间的碰撞 LNGC 都是作为被撞的一方。除此以外，其他环节的计算与 LNGC 通航期间的碰撞事故一样。计算得出 LNGC 通航期间发生碰撞事故引发池火的概率是 1.6×10^{-6} 艘次/年。

7.3　LNGC 事故后果计算模型

LNGC 碰撞事故的后果计算子模型是通过 LNGC 碰撞事故发生后 LNG 扩散及燃烧后果将 4 个独立的理论基础与计算方法联系起来构建的。碰撞事故模型由事故船舶的运动要素和尺度要素计算出碰撞损耗的能量，这一能量同时也是事故船舶发生受损形变吸收的能量；碰撞损耗模型利用碰撞吸收能量与船舶受损体积之间的关系，结合 LNGC 结构特征计算出 LNGC 破损的面积，从而得到 LNG 泄漏口的面积；在 LNG 泄漏与燃烧模型中，LNG 泄漏口面积的大小将影响 LNG 泄漏的速度和扩散的范围，从而影响 LNG 池火周围热通量的大小；最后将 LNG 池火周围的热通量数据输入 LNG 火灾伤亡计算模型，即可得出船舶碰撞对 LNGC 周围船舶造成的威胁。

7.3.1　船舶碰撞损害计算模型

船舶碰撞研究一般分为外部机理研究和内部机理研究。外部机理研究碰撞或搁浅中船舶的运动和能量的耗散，可以通过解运动方程来获得。方程要满足动量、能量和角动量守恒，并且考虑周围附连水域的影响。内部机理主要研究结构的响应，如构件的抵抗力或者强度等。

碰撞过程中会发生大变形、结构失效,加之摩擦的影响使内部机理非常复杂。碰撞耗散的能量和撞深之间的关系对于内部机理来说至关重要。在大多数情况下,可以将内部机理和外部机理分别进行研究,然后通过共同的碰撞能量将其联系起来。能量的释放对于研究船舶碰撞和搁浅问题非常关键,被撞体正是由于吸收了动能才发生变形,进而导致结构失效的。

1. 基本假设

① 相撞船舶的运动包括横移、纵移、艏摇、横摇。
② 碰撞及其损伤变形局限于很小的区域。
③ 忽略非碰撞区结构的应变能,假定船舶基本上是一刚体。
④ 碰撞瞬间冲击力在相撞船舶之间同步传递。
⑤ 船舶之间发生的是完全塑性碰撞。

2. 坐标系

设撞击船(A)的前进速度为V_{ax},横移速度为V_{ay};被撞船(B)的前进速度为V_{b1},横移速度为V_{b2}。如图 7.5 所示,将 xy 坐标系固结于海底,z 轴垂直向上,$t=0$ 时,z 轴位于撞击船纵中剖面,并指向船首,yz 面与撞击船中横剖面重合。123 坐标系类似,z'轴和 $3'$轴分别通过撞击船和被撞船重心并分别与 z 轴和 3 轴平行。ξ_η 坐标系的原点位于撞击点 C 处,ξ 轴与撞击面的法线方向重合。x 轴与 η 轴之间的夹角为 α,x 轴与 1 轴之间的夹角为 β。

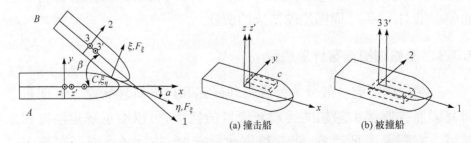

图 7.5　船舶碰撞坐标

3. 相撞船舶的运动描述

在 ξ 方向碰撞力 F_ξ 和 η 方向碰撞力 F_η 的作用下，撞击船的运动方程可以表示为

$$M_a(1+m_{ax})\dot{v}_{ax}=-F_\xi\sin\alpha-F_\eta\cos\alpha$$
$$M_a(1+m_{ay})\dot{v}_{ay}=-F_\xi\sin\alpha-F_\eta\cos\alpha$$
$$M_aR_{az'}^2(1+j_{az'})\dot{w}_{az'}=F_\xi[y_c\sin\alpha-(x_c-x_a)\cos\alpha] \qquad (7.4)$$
$$\qquad\qquad\qquad -F_\eta[y_c\cos\alpha+(x_c-x_a)\sin\alpha]$$
$$M_aR_{ax}^2(1+j_{ax})\dot{w}_{ay}=F_\xi h_a\sin\alpha-F_\eta h_a\cos\alpha$$

其中，M_a 为撞击船的质量；v_{ax} 和 v_{ay} 分别为 x 和 y 方向的线加速度；$\dot{w}_{az'}$ 为绕 z' 轴的角加速度；$\dot{w}_{ay}$ 为绕 z 轴的角加速度；撞击船的质心坐标是 $(x_a,0)$；碰撞点的坐标是 (x_c,y_c,h_a)；纵移运动的附加质量系数是 m_{ax}；横移运动的附加质量系数为 m_{ay}；$j_{az'}$ 和 j_{ax} 分别是绕 z' 轴和 x 轴转动的附加惯性矩系数；$R_{az'}^2$ 和 R_{ax}^2 分别为绕 z' 轴和 x 轴的惯性半径。

由式(7.4)可以，根据刚体运动学的加速度合成定理，可求得相撞船舶在 C 点 η 和 ξ 方向上的相对加速度，即

$$\ddot{\xi}=-D_\xi F_\xi-D_\eta F_\eta \qquad (7.5)$$
$$\ddot{\eta}=-K_\xi F_\xi-K_\eta F_\eta \qquad (7.6)$$

其中

$$D_\xi=\frac{D_{a\xi}}{M_a}+\frac{D_{b\xi}}{M_b};\quad D_\eta=\frac{D_{a\eta}}{M_a}+\frac{D_{b\eta}}{M_b}$$
$$\qquad\qquad\qquad\qquad\qquad\qquad (7.7)$$
$$K_\xi=\frac{K_{a\xi}}{M_a}+\frac{K_{b\xi}}{M_b};\quad K_\eta=\frac{K_{a\eta}}{M_a}+\frac{K_{b\eta}}{M_b}$$

$$D_{a\xi}=\frac{\sin^2\alpha}{1+m_{ax}}+\frac{\cos^2\alpha}{1+m_{ay}}+\frac{(h_a\cos\alpha)^2}{R_{ax}^2(1+j_{ax})}+\frac{[y_c\sin\alpha-(x_c-x_a)\cos\alpha]^2}{(1+j_{az'})R_{az'}^2}$$

$$D_{a\eta}=\frac{\sin\alpha\cos\alpha}{1+m_{ax}}-\frac{\sin\alpha\cos\alpha}{1+m_{ay}}-\frac{h_a^2\cos\alpha\sin\alpha}{R_{ax}^2(1+j_{ax})}$$
$$\qquad\quad +\frac{[y_c\sin\alpha-(x_c-x_a)\cos\alpha][y_c\cos\alpha-(x_c-x_a)\sin\alpha]}{(1+j_{az'})R_{az'}^2}$$

$$D_{b\xi}=\frac{\sin^2(\beta-\alpha)}{1+m_{b1}}+\frac{\cos^2(\beta-\alpha)}{1+m_{b2}}+\frac{[h_a\cos(\beta-\alpha)]^2}{R_{b1}^2(1+j_{b1})}$$

$$+\frac{\left[(y_c-y_b)\sin\alpha-(x_c-x_a)\cos\alpha\right]^2}{(1+j_{b3'})R_{b3'}^2} \tag{7.8}$$

$$D_{b\eta}=-\frac{\sin(\beta-\alpha)\cos(\beta-\alpha)}{1+m_{b1}}+\frac{\sin(\beta-\alpha)\cos(\beta-\alpha)}{1+m_{b2}}+\frac{h_a^2\sin(\beta-\alpha)\cos(\beta-\alpha)}{R_{b1}^2(1+j_{b1})}$$

$$+\frac{\left[(y_c-y_b)\sin\alpha-(x_c-x_a)\cos\alpha\right]\left[(y_c-y_b)\cos\alpha-(x_c-x_a)\sin\alpha\right]}{(1+j_{b3'})R_{b3'}^2}$$

$$K_{a\eta}=\frac{\cos^2\alpha}{1+m_{ax}}+\frac{\sin^2\alpha}{1+m_{ay}}+\frac{(h_a\sin\alpha)^2}{R_{ax}^2(1+j_{ax})}+\frac{\left[y_c\cos\alpha-(x_c-x_a)\sin\alpha\right]^2}{(1+j_{az'})R_{az'}^2}$$

$$K_{a\xi}=\frac{\sin\alpha\cos\alpha}{1+m_{ax}}-\frac{\sin\alpha\cos\alpha}{1+m_{ay}}-\frac{h_a^2\cos\alpha\sin\alpha}{R_{ax}^2(1+j_{ax})}$$

$$+\frac{\left[y_c\sin\alpha-(x_c-x_a)\cos\alpha\right]\left[y_c\cos\alpha+(x_c-x_a)\sin\alpha\right]}{(1+j_{az'})R_{az'}^2} \tag{7.9}$$

$$K_{b\eta}=\frac{\cos^2(\beta-\alpha)}{1+m_{b1}}+\frac{\sin^2(\beta-\alpha)}{1+m_{b2}}+\frac{\left[h_a\sin(\beta-\alpha)\right]^2}{R_{b1}^2(1+j_{b1})}$$

$$+\frac{\left[(y_c-y_b)\cos\alpha-(x_c-x_a)\sin\alpha\right]^2}{(1+j_{b3'})R_{b3'}^2}$$

$$K_{b\xi}=-\frac{\sin(\beta-\alpha)\cos(\beta-\alpha)}{1+m_{b1}}+\frac{\sin(\beta-\alpha)\cos(\beta-\alpha)}{1+m_{b2}}$$

$$+\frac{h_a^2\sin(\beta-\alpha)\cos(\beta-\alpha)}{R_{b1}^2(1+j_{b1})}$$

$$+\frac{\left[(y_c-y_b)\sin\alpha-(x_c-x_b)\cos\alpha\right]\left[(y_c-y_b)\cos-(x_c-x_b)\sin\alpha\right]}{(1+j_{b3'})R_{b3'}^2}$$

4. 碰撞前后的相对速度

$$\dot{\xi}(0)=V_{ax}\sin\alpha+V_{ay}\cos\alpha+V_{b1}\sin(\beta-\alpha)-V_{b2}\cos(\beta-\alpha)$$
$$\dot{\eta}(0)=V_{ax}\cos\alpha-V_{ay}\sin\alpha-V_{b1}\cos(\beta-\alpha)-V_{b2}\sin(\beta-\alpha) \tag{7.10}$$

5. 结构损伤变形所耗散的能量

η 和 ξ 方向耗散的能量分别为

$$E_\xi=\frac{\dot{\xi}(0)^2}{2(D_\xi+\mu D_\eta)},\quad E_\eta=\frac{\dot{\eta}(0)^2-\dot{\eta}(T)^2}{2(K_\xi/\mu_0+K_\eta)} \tag{7.11}$$

其中，μ_0 为相撞船舶之间的摩擦系数；$\mu = \dfrac{D_\xi \dot{\eta}(0) - K_\xi \dot{\xi}(0)}{K_\eta \dot{\xi}(0) - D_\eta \dot{\eta}(0)}$。

耗散的总能量 $E = E_\xi + E_\eta$，内部机理主要研究碰撞中结构的响应和由于产生变形失效吸收能量所导致的损伤。

Minorsky 模型[32]

$$R_T = \frac{E - 28.4 \times 10^6}{47.1 \times 10^6} \tag{7.12}$$

Crake's 模型[33]

$$A_i = \frac{d_i^2 \tan\phi}{1 - \tan^2\phi / \tan^2\alpha} \tag{7.13}$$

其中，d_i 表示船艏刺入第 i 层甲板/底的深度；α 表示船艏刺入的角度。

$$\cos\alpha = \frac{V_B \cos\phi - V_A}{\sqrt{V_A^2 + V_B^2 - 2V_A V_B \cos\phi}} \tag{7.14}$$

假设 LNGC 为双层壳，故假设第 2 层壳的受损面积 A_2 为 LNG 泄漏口面积，则计算公式为

$$A_2 = \frac{[-\Delta d t_1 + \sqrt{(\Delta d t_1)^2 - (t_1 + t_2)(\Delta d^2 t_1 - R_T/B)}]^2}{(t_1 + t_2)^2} B \tag{7.15}$$

其中，Δd 表示两层船壳的间距；t_i 表示第 i 层甲板/底的厚度；$B = \dfrac{2\sin^2(\varphi/2)\cos(\varphi/2)}{[\sin(\beta - \varphi/2)\sin(\beta + \varphi/2 - \pi/2)]^{3/2}}$，$\alpha$ 表示船首刺入的角度，φ 表示撞击角度；R_T 表示受损体积，可用式(7.11)进行计算；A_i 为第 i 层甲板/底受损面积；t_i 为第 i 层甲板/底的厚度。

Aleksandrov[34] 研究了碰撞造成的破洞面积与受损面积的比例系数为 0.127，为保守起见，Soares[35] 建议这一系数取值为 0.5，即

$$A = 0.5 A_2 \tag{7.16}$$

由此可以计算出 LNGC 发生碰撞事故后 LNG 泄漏口的面积。

7.3.2　LNG 泄漏与燃烧后果计算模型

LNGC 货舱破损后，LNG 泄漏会形成一个 LNG 液体池，其挥发时

会形成一个比空气重的蒸气云。如果没有立即点火,可燃性气体云会随风飘移,在海面扩散,甚至飘进周边的陆地区域。当在它的可燃范围内(体积比 5‰~15‰)遇到火源时,蒸气云会迅速燃烧形成闪火。火焰会回燃到 LNG 液体池,并在 LNG 泄漏点附近造成池火。处于闪火内或接近池火的人会由于燃烧和热辐射而受伤,甚至死亡。图 7.6 是 LNGC 发生泄漏后的事件发展过程。

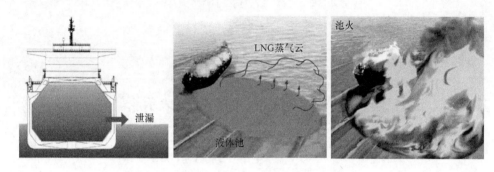

图 7.6　LNGC 泄漏情形

根据以上过程分析,此模块将计算分为 LNG 泄漏、扩散与燃烧,如图 7.7 所示。

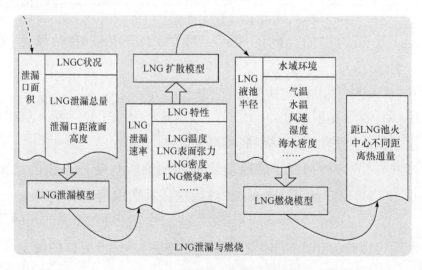

图 7.7　LNG 泄漏与燃烧后果计算模型

由碰撞造成的泄漏口的面积大小和位置,可以计算出在不采取任何措施的情况下 LNG 泄漏的泄漏总量,从而结合 LNG 液舱的形状计算泄漏率,也就是单位时间水面 LNG 的增加量。与此同时,每一时刻水面上已泄漏的 LNG 在蒸发和燃烧的作用下不断减少,存在于水面LNG 液体在蒸发和燃烧后剩余的部分由于重力和水的浮力作用,会在水面扩散开来,形成圆形的液池。然后,可以根据 LNG 液池的半径计算水域环境下目标在距 LNG 池火中心不同距离处接收到的热通量。

根据 LNG 泄漏情况,事故后果由 LNG 的泄漏、扩散和燃烧模型构成计算方法,具体分以下步骤进行,如图 7.8 所示。

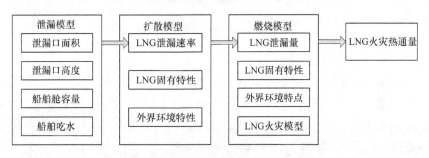

图 7.8　LNG 泄漏与燃烧后果计算过程

第一步,结合 LNG 固有特性及船舶相关数据,由泄漏模型获取LNG 泄漏速率。

第二步,运用扩散模型,根据 LNG 泄漏率的变化计算 LNG 泄漏量。

第三步,已知 LNG 泄漏量,结合 LNG 固有性质及外部环境特点,运用不同的火灾模型,计算 LNG 火灾热通量。

（1）泄漏模型

LNGC 货舱破损后受重力作用,LNG 通过破损口从货舱泄漏到水面,假定船舱破口位于水位线以上,货舱具有大气压力环境下的自由液面,不考虑船舶结构的影响,则泄漏率 Q(kg/s)可以表示为

$$Q=C_dA(2gH)^{1/2} \tag{7.17}$$

其中,C_d 表示泄漏系数,通常取 0.65,实验取 1;g 表示重力加速度;H表示破口中心与舱内自由液面的垂直距离。

假设在 LNG 泄漏过程中不采取任何补救措施,则从泄漏起始至泄

漏结束,LNG 总体积 V 可按照以下方法确定。如图 7.9 所示,假设 LNG 船舶为满载状态,破口位置位于单个货舱位置,距离液面的高度为 h,货舱初始液面距船舶基线高度为 H,根据船舶参数估算出单舱 LNG 总体积为 $V_{\max}$。根据液面高度比例,求取 $V = h/H V_{\max}$。

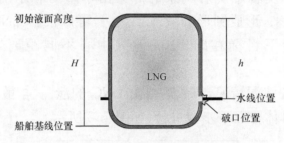

图 7.9　LNG 总泄漏量的计算

（2）蒸发、燃烧模型

在泄漏过程中,LNG 会吸收热量发生气化,遇火源的情况下燃烧会进一步加快 LNG 的消耗,剩余未被消耗的 LNG 则因自身液体性质逐渐在水面扩散。

泄漏的 LNG 会因为蒸发和燃烧而减少。在泄漏的 LNG 未点燃的情况下,总蒸发率 m_e（kg/s）可以表示为

$$m_e = \frac{\pi r^2 H_v}{h_v} \tag{7.18}$$

其中,r 为 LNG 在水面扩散的半径（m）;h_v 为蒸发热（J/kg）;H_v 表示热通量[J/(m²s)],即

$$H_v = K_H(T_w - T_b) \tag{7.19}$$

式中,K_H 为膜沸腾传热系数[J/(m²s·K)],可以通过 Kilmenko 模型计算得出;T_w 表示水温度（K）;T_b 表示 LNG 的沸点（K）。

假设泄漏的 LNG 液面下的温度均匀分布且保持不变,则 K_H 为定值,H_v 的值也保持不变。在点燃的情况下,由燃烧造成的 LNG 去除率为

$$m_b = \pi r^2 b \tag{7.20}$$

其中,m_b 表示燃烧去除率（kg/s）;b 表示燃烧率（kg/m²·s）。

（3）扩散模型

泄漏的 LNG 液体在蒸发和燃烧后剩余的部分由于重力和水的浮力作用下会在水面扩散开来。由从惯性平衡、重力和摩擦力方面来描

述扩散现象的浅层方程可得扩散过程中的动量方程,即

$$\frac{\mathrm{d}^2 r}{\mathrm{d}t^2} = \frac{4\Phi gh(\rho_W - \rho_{\mathrm{LNG}})}{r\rho_W} - C_F \tag{7.21}$$

其中,h 为水面 LNG 的厚度(m);C_F 是湍流阻力或黏滞阻力系数(摩擦力),与液面上的层流、湍流阻力有关;g 是实际减小的加速度($g(\rho_w - \rho_{\mathrm{LNG}})/\rho_w$);$\rho_W$ 和 ρ_{LNG} 分别表示海水和 LNG 的密度($\mathrm{kg/m^3}$);$\mathrm{d}^2 r/\mathrm{d}t^2$ 表示惯性项;$4\Phi gh/r$ 表示重力项;Φ 是描述 LNG 液体厚度的无量纲形状系数。

(4) 后果计算方法

通过实时模拟得出水面上 LNG 液体体积 $V1$,然后求解动量方程 (7.17)可以得出 LNG 液池的直径 r,计算流程如图 7.10 所示。可泄漏的 LNG 液体体积为 V,泄漏持续时间为 T。每间隔 Δt 模拟计算一次。

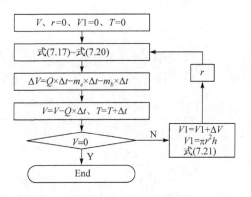

图 7.10　LNG 扩散过程模拟

在泄漏过程中,单位时间内液池会因泄漏而增加新的液体,也会因蒸发和燃烧而减少液体,同时以一定速率在水面上呈辐射状扩散。液体减少的速率和扩散的快慢都与液池的半径相关,因此可以通过实时模拟 LNG 的泄漏量、蒸发量、燃烧量,以及解上述动量方程计算得出 LNG 液池每一时刻的半径 r,以用于后续的热通量计算。

LNG 液池被点燃后,暴露在池火周围的目标接收到的热通量 $I(\mathrm{W/m^2})$ 可由下式计算,即

$$I = E_P \tau_{\mathrm{atm}} F \tag{7.22}$$

其中,E_P 表示辐射能力,取 $220\mathrm{kW/m^2}$;τ_{atm} 表示大气透射率;F 表示火

焰的视角系数[36],是关于 r 和 l 的函数,即 $F=f(r,l)$。

火焰的视角系数[37]是指辐射接受面从辐射表面接受到的辐射量占总辐射量的比率,其值仅与辐射面及接受面的几何性质有关。

这里关于视角系数的确定参照 NFPA(national fire protection association)[38]提供的算法,池火可看作固体火焰模型,其火焰可看成倾斜的圆柱状物,计算时需要火焰高度及半径等数据。火焰高度可由托马斯相关性来计算。火焰角度由 Rew and Hulbert 方法来确定。具体的计算方法如下,即

$$X=a(t)$$

$$Y=\frac{x_r-r(t)(D(t)-1)}{r(t)}$$

$$A=X^2+(Y+1)^2-2X(Y+1)\sin(\theta)$$

$$B=X^2+(Y-1)^2-2X(Y-1)\sin(\theta)$$

$$C=1+(Y^2-1)\cos^2\theta$$

$$V_1=\frac{X\cos\theta}{Y-X\sin\theta}\arctan\left[\sqrt{\frac{A(Y-1)}{B(Y+1)}}\right]\left[\frac{X^2-2Y(1+X\sin\theta)}{\pi\sqrt{AB}}\right]$$

$$V_2=\left\{\arctan\left[\frac{XY-(Y^2-1)\sin\theta}{\sqrt{C}}\right]+\arctan\left[\frac{\sqrt{Y^2-1}\sin\theta}{\sqrt{C}}\right]\right\}\frac{\cos\theta}{\pi\sqrt{C}}$$

$$V_3=\frac{-X\cos\theta}{\pi(Y-X\sin\theta)}\arctan\left(\sqrt{\frac{Y-1}{Y+1}}\right)$$

$$F_V=V_1+V_2+V_3$$

$$H_1=\frac{1}{\pi}\arctan\left(\sqrt{\frac{Y+1}{Y-1}}\right)$$

$$H_2=-\left[\frac{X^2+(Y+1)^2-2(Y+1+XY\sin\theta)}{\pi\sqrt{AB}}\right]\arctan\left(\sqrt{\frac{A(Y-1)}{B(Y+1)}}\right)$$

$$H_3=\frac{\sin\theta}{\pi\sqrt{C}}\left\{\arctan\left[\frac{XY-(Y^2-1)\sin\theta}{\sqrt{C}\sqrt{Y^2-1}}\right]\right\}$$

$$F_h=H_1+H_2+H_3$$

$$F=\sqrt{F_V^2+F_h^2}$$

$$(7.23)$$

其中, x_r 表示火焰延伸半径(m); θ 表示火焰倾角; $a(t)$ 表示某一间隙时刻的火焰高度(m); $r(t)$ 表示同一时刻的液池半径(m); $D(t)$ 表示同一时刻的风致火焰偏移的扩展量。

大气透射率 τ_{atm} 与周围空气温度和距离有关,其计算公式为

$$\tau_{atm} = [2.02R_H \cdot P_{water}(T_a) \cdot x]^{-0.09} \qquad (7.24)$$

其中, R_H 表示空气的相对湿度; T_a 表示船舶所在位置周围空气的温度(K); x 表示接收热量的目标与火焰中心的相对距离; $P_{water}(T_a) = 1013.25(R_H)\exp(14.4114-5328/T_a)$

为了便于计算,当 τ_{atm} 小于 1 时,按照上式计算结果作为 τ_{atm} 的取值;当 τ_{atm} 大于 1 时,取 $\tau_{atm} = 1$。由此可以计算目标在距 LNG 池火中心不同距离处接收到的热通量。

7.3.3　LNG 火灾伤亡后果计算模型

常见的热破坏准则[39]可以归纳为热通量(I)准则、热量(Q)准则、热剂量(TDU)准则、热通量-热量(I-Q)准则。热量是热通量与热通量作用时间(t)的乘积,即 $Q = It$,单位 kJ/m²;热剂量与热通量和热通量作用时间相关,TDU $= I^{4/3}t$,单位 (kW/m²)^{4/3} s。热破坏准则如表 7.1 所示。

表 7.1　热破坏准则

对人的伤害	临界值		
	热通量/(kW/m²)	热量/(kJ/m²)	热剂量/[(kW/m²)^{4/3} s]
长时暴露无不适感	1.6	—	—
感到疼痛	4.0(暴露 20s)	65	92
一度烧伤	9.5(暴露 10s)	125	105
二度烧伤	12.5(暴露 20s)	250	290
1-5%致死率/三度烧伤	37.5(暴露 10s)	375	1000
50%致死率			2000
100%致死率			3500

以上准则仅适用于定性研究,在这里并不适用。本书选用 TNO (The Netherlands Organization)关于热辐射对人体造成不同程度伤害

的概率单位(Y)与热剂量的函数 $Y = A + B\ln(tI^{4/3})$，I 的单位为 $\mathrm{W/m^2}$，t 的单位为 s，它们的关系如表 7.2 所示。

表 7.2　热辐射伤害的概率单位(Y)与热剂量关系

概率单位	对人的伤害
$Y = -39.83 + 3.02\ln I^{4/3}t$	一级烧伤
$Y = -43.14 + 3.02\ln I^{4/3}t$	二级烧伤
$Y = -36.38 + 2.56\ln I^{4/3}t$	致命（皮肤）
$Y = -37.23 + 2.56\ln I^{4/3}t$	致命（受保护）

致死率 P 与概率单位 Y 可利用换算表估算，即

$$P = \frac{1}{2} + \frac{1}{2}\mathrm{erf}\left[\frac{Y-5}{\sqrt{2}}\right] \tag{7.25}$$

图 7.11 表示致死率与概率单位的关系，概率单位即 Y。暴露在热辐射中的人会受到各种程度不同的伤害，有时甚至有生命危险。目标接受火源的热辐射伤害时，伤害程度与热辐射强度和热辐射作用时间成正比例关系，热辐射强度越大、暴露在热辐射下的时间越长，则受到的伤害程度就越大。

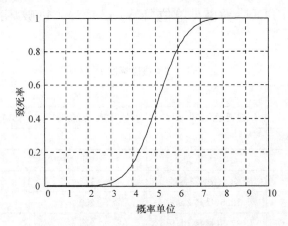

图 7.11　致死率与概率单位关系

7.3.4　模型算法流程

结合第 4 章各部分的计算模型，具体算法流程如图 7.12 所示。

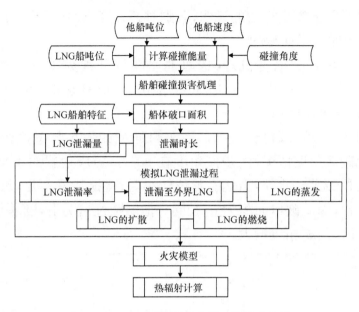

图 7.12　LNG 泄漏及火灾模型的算法流程

首先,需要计算碰撞造成的破口面积,运用碰撞损害机理,根据两船的船速和碰撞角度,可以计算出船舶的破口面积。结合船舶破口面积、船舶吃水、LNG 液面距基线位置相对高度、泄漏总量等船舶数据可以得到 LNG 泄漏总量及泄漏过程的总时长。不考虑泄漏口处 LNG 的复杂变化,则该处泄漏率的变化可认为是趋近于线性变化,因此可以得到每一时刻下 LNG 的泄漏率。

随后,将泄漏的总时间以 Δt 为步长进行泄漏过程的模拟。进行泄漏扩散过程的模拟需要考虑诸多因素,首要计算泄漏至外界的 LNG 量,因为泄漏过程伴随着 LNG 的蒸发、扩散和燃烧,泄漏出的 LNG 既随着破口处的泄漏增加,同时又由于蒸发和燃烧而不断消耗。在发生池火的情况下,扩散半径的变化决定了池火的热辐射变化;在发生火球的情况下,LNG 燃烧的消耗量决定了火球的热辐射变化;在发生喷射火的情况下,LNG 泄漏率的变化决定了喷射火的热辐射变化。由于池火热量在距离和时间上是不断变化的,为方便计算,选取燃烧初期 30s 时的热量分布用于计算热剂量。由热剂量计算出致死概率,即可得到火灾后果。

根据对以上模型算法的说明,分别对各计算模块进行实验分析。

(1)船舶破损面积的计算

结合船舶碰撞损害机理,选取他船吨位分别为 1000、2000、3000、5000、7000 和 10 000,以速度 3～12kn 撞击 5200t 船舶的情况下,造成船舶破损的面积情况如下。

从图 7.13 可以看出,碰撞所致破口面积的大小与碰撞角度有关。相比其他碰撞角度情况,当碰撞角度在 90°时,对应他船对 LNGC 碰撞造成的面积最大。此外,当他船吨位较小时,碰撞能量不足以造成船舶结构的破损,因此破口面积为 0;在同一他船吨位情况下,随着他船速度的增加,破口面积相应增大。

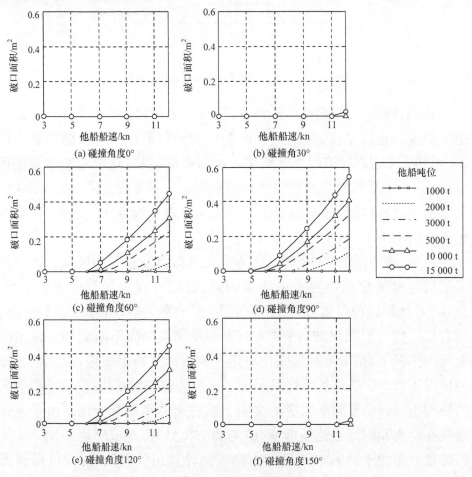

图 7.13　破损面积的计算

（2）液池泄漏过程的相关计算

在泄漏的过程中,液池的半径大小计算流程如图 7.14 所示。

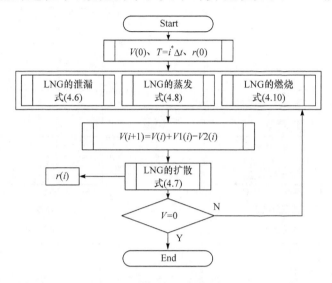

图 7.14　LNG 扩散半径的计算

运用泄漏模型、蒸发模型与扩散模型计算 LNG 的扩散半径,是根据泄漏的 LNG 总体积为 V,计算出泄漏持续时间 T 内的液池半径 r 随着每间隔 Δt 的大小,从而得出液池扩散的变化情况。从泄漏的初期开始,每过 Δt,根据式（7.17）可计算出增加的 LNG,根据式（7.18）和式（7.20）计算 LNG 的泄漏量,根据两者的差值,即剩余的 LNG 量 V,由式（7.21）计算此时半径 r 的值。随着时间的变化,LNG 的泄漏和消耗均有所不同,从而可以确定半径 r 的变化情况。当 $V=0$ 时,表示泄漏过程结束。

为研究泄漏模型的可行性,根据碰撞模型计算的破口面积,选取破口面积从 $0.1 \sim 0.8 \text{ m}^2$ 时进行一组泄漏率的计算实验,假设 LNG 泄漏量为 6440m^3,破口距液面高度的垂直距离为 4.5m,根据模型计算出破口处泄漏率的变化情况,其结果如下。

从图 7.15 可以看出,泄漏过程的总时长与破口的大小成反相关关系,破口越大,泄漏的总时长越短。此外,破口越大,初始泄漏率越大,且泄漏率变化得越快,这8种情况下的泄漏率变化近似线性减小至零。从结果可以看出,在理想状态下,该模型的计算符合一般情况下的客观规律。

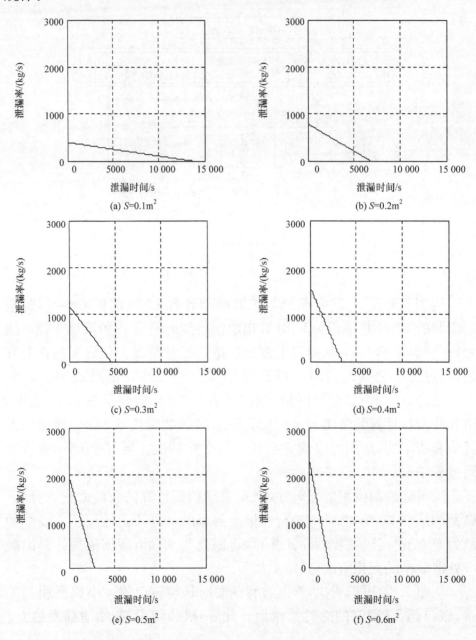

(a) $S=0.1m^2$

(b) $S=0.2m^2$

(c) $S=0.3m^2$

(d) $S=0.4m^2$

(e) $S=0.5m^2$

(f) $S=0.6m^2$

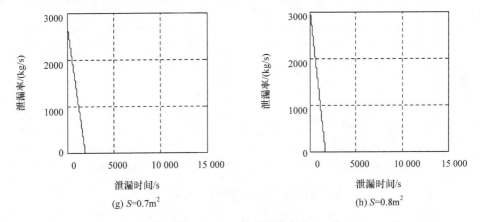

(g) S=0.7m^2　　　　　　　　(h) S=0.8m^2

图 7.15　LNG 泄漏率变化

根据以上条件假设,进行针对扩散模型仿真实验,计算得到 LNG 在扩散过程中形成液池的半径变化情况,如图 7.16 所示。

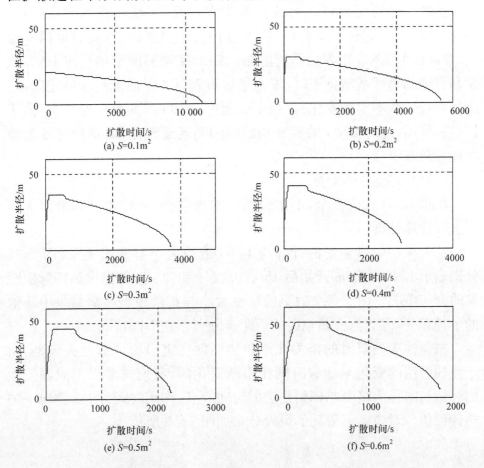

(a) S=0.1m^2　　　　　　　　(b) S=0.2m^2

(c) S=0.3m^2　　　　　　　　(d) S=0.4m^2

(e) S=0.5m^2　　　　　　　　(f) S=0.6m^2

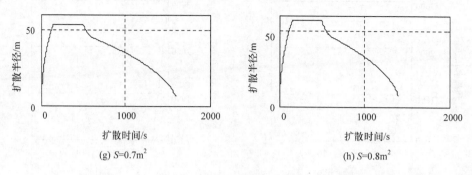

(g) $S=0.7m^2$　　　　　　　　(h) $S=0.8m^2$

图 7.16　LNG 扩散半径变化

由泄漏模型的计算,已知破口的大小决定了泄漏过程的时间长短。在扩散模型的模拟计算中,可以看出破口越大,其扩散的最大半径越大,过程持续的时间越短,进一步说明破口越大,其泄漏的速度越快。

扩散半径的变化可以大致分为扩大过程、平稳过程和缩小过程。结合 LNG 的泄漏过程来分析,扩大过程处于泄漏初期,此时泄漏率最大,泄漏出的 LNG 积累量不断增加;当 LNG 泄漏的增加量与 LNG 蒸发和燃烧的消耗基本持平时,进入平稳过程,LNG 液池处于稳定阶段,此时半径近似不发生变化;在缩小过程中,LNG 泄漏率已经下降,由于扩散的作用,此时 LNG 的蒸发和燃烧的消耗逐渐增加,最后导致液池半径逐渐减小。

（3）火灾模型的验算

根据 LNG 火灾模型,下面分别对池火模型、火球模型和喷射火模型进行计算分析。

池火模型中热辐射的计算与 LNG 液池大小有直接关系,图 7.17分别表示 LNG 在泄漏开始后 15s、20s、25s 和 30s 时的池火热辐射随距离的分布情况。由于各个时刻的液池大小与扩散模型实验结果中液池的半径有关,因此池火热辐射的近距离分布存在不同情况。

根据池火热辐射的相关计算和热辐射伤害模型计算池火模型,由于热辐射值的变化是随着时间在不断变化的,我们选取以上泄漏发生的起始时间作为接受热辐射伤害的时间起点,作用时间为 15s 情况下的热计量值。对应计算得到的风险分布如图 7.18 所示。

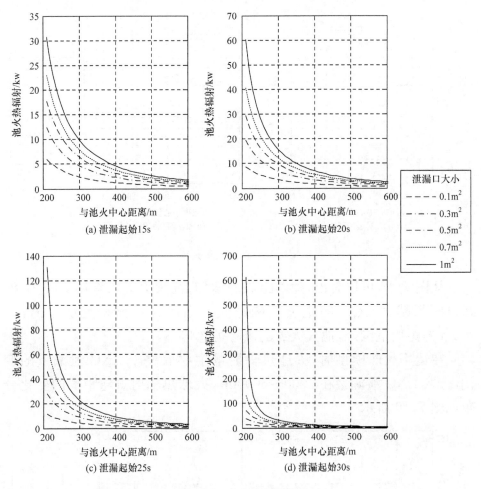

图 7.17　池火热辐射计算

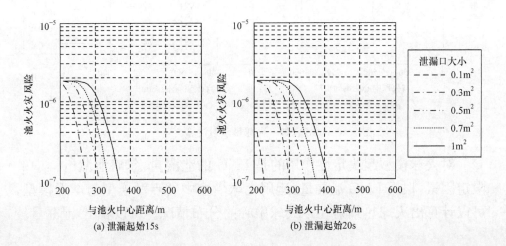

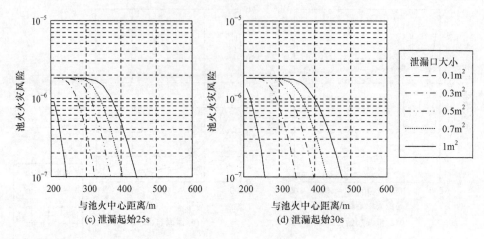

图 7.18　池火风险分布

　　从图 7.18 可以看出,随着距离的增加,池火火灾风险逐渐减小;泄漏口面积越大,风险的距离范围越大。当泄漏口面积足够小时,在 200m 的距离范围外,池火火灾的风险可忽略不计。

　　在运用火球模型时,火球热辐射量主要取决于 LNG 泄漏量的变化,选取 LNG 泄漏量在 $1000\sim6000m^3$,火球热辐射量随距离的变化分布如图 7.19 所示。

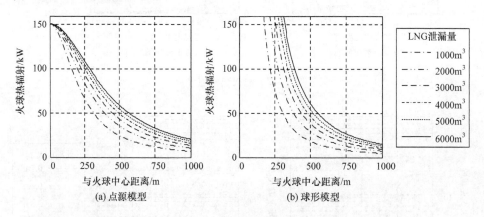

图 7.19　火球热辐射计算

　　对火球模型起决定性作用的是 LNG 的泄漏量,忽略泄漏过程中的限定因素,根据 LNG 泄漏量,运用火球模型中的点源模型与球形模型,可以计算出火球热辐射在距火球中心的分布情况。可以看出,泄漏量较大时,对应热辐射量较大,随着距离的增大,热辐射逐渐下降。两种模型的计算结果大致相似,但不同的是在近距离0～500m的距离范围内,球形模型计算的热辐射相对较大,而点源模型计算近距离的热辐射相对较小。

　　结合上述热辐射计算,选择火球持续时间作为热辐射作用时间,根据热辐射伤害模型计算出火球火灾风险的分布如图 7.20 所示。

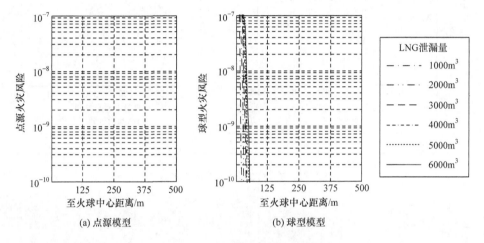

图 7.20　火球火灾风险计算

　　从图 7.20 可以看出,点源模型计算出的火灾风险为 0,由球形模型计算的火灾风险极小,且风险分布于 100m 以内。结合火球热辐射的计算,点源模型与球形模型最明显的不同是在于 500m 内的热辐射计算值,通过计算相应的火灾风险分布,500m 距离外的风险均为 0,可见在计算火灾风险时,火球的影响很小,可忽略不计。

　　假设 LNGC 中加压管路发生泄漏,破口面积为 $0.1～1m^2$ 时,计算喷射火热辐射随距离的变化情况,根据热辐射情况计算喷射火的风险分布,热辐射距离分布和风险分布如图 7.21 所示。

　　从图 7.21 可以看出,喷射火的热辐射变化随距离的增加而逐渐减少。泄漏口面积的变化对喷射火的热辐射量有一定影响,随着泄漏口面积增大,对应的热辐射量较大;喷射火风险的分布亦与破口面积大小、距离相关,随着距离的增加,风险逐渐快速减小。鉴于该火灾形式发生在船舶泄漏情况的可能性很小,这里不考虑此类火灾形式对后果的影响。

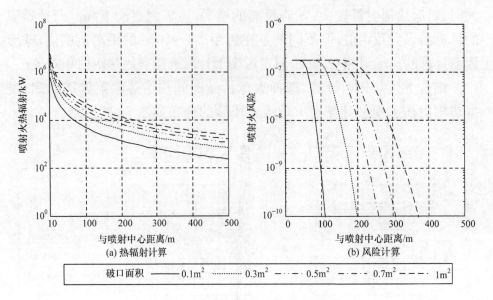

图 7.21　喷射火热辐射及风险的计算

第 8 章   基于风险定量评估的 LNGC 安全区设置研究

8.1   LNGC 移动安全区设置标准

8.1.1   移动安全区的定义

在 LNG 通航安全管理和通航安全研究中,LNG 安全区一直以来都是一个重要概念。LNGC 在进出港口航行的过程中,为保障 LNGC 通航安全,通常会在 LNGC 周围设置一定范围的水域,该水域属于受控水域,未经主管机关允许,除 LNGC 本船外的其他船舶禁止进入该区域,通常称为 LNGC 的安全区。考虑到该区域的位置及范围会随着 LNGC 的移动而发生变化,因此又称该区域为 LNGC 的移动安全区 (moving safety zone)。LNG 移动安全区的设置能有效提高 LNGC 通航安全性,降低 LNGC 事故风险。

LNGC 移动安全区的设置一方面在于降低 LNGC 发生事故的概率:LNGC 事故的发生,无论是否造成严重的后果,都会对船舶安全、通航效率造成一定的影响,减小事故发生概率,避免船舶发生碰撞是保障 LNGC 安全高效通航的前提;另一方面还要降低 LNGC 航行事故风险:一旦 LNGC 发生事故引发池火,将对附近其他船舶和人员造成危害,带来严重的后果。风险是对事故概率和后果综合评价的结果,采取措施将风险控制在可接受的范围内,协调 LNGC 通航保障与港口运营效率的有效措施。

移动安全区及移动安全区的宽度和长度如图 8.1 所示。

8.1.2   移动安全区设置范围定量计算方法

1. 安全区宽度

利用 LNGC 进出港碰撞事故概率和事故风险量化计算模型,提出一种基于风险可接受程度和事故可接受概率的 LNGC 移动安全区宽度

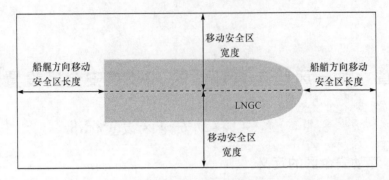

图 8.1 移动安全区示意图

定量界定方法(图 8.2)。分别计算满足碰撞概率在可接受范围内的他船至 LNGC 的最小距离,以及碰撞风险在可接受范围内的他船至 LNGC 的最小距离,取其中的较大值作为 LNGC 安全区的宽度。采用该方法界定的 LNGC 安全区宽度既满足 LNGC 碰撞概率可接受程度,同时 LNGC 周围的风险水平又都在可接受水平以内。

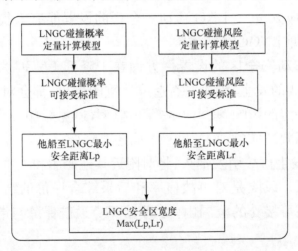

图 8.2 LNG 运输船安全区宽度界定方法

第 5 章已构建了 LNGC 通航停泊的风险定量计算模型,并设计实验计算了 LNGC 与过往船舶发生碰撞的风险。下面分别根据风险可接受标准确定满足碰撞概率在可接受范围内的他船至 LNG 运输船的最小距离 Lp,碰撞风险在可接受范围内的他船至 LNGC 的最小距离 Lr,取其中的较大值作为 LNGC 安全区的宽度,相关数据图表见附录 K。

2. 安全区长度

LNGC 安全区长度的确定主要考虑两船在同一航路上行驶,当前船采取制动措施或其他原因使船舶制动后,后船是否来不及停船以至于 LNGC 风险较高的区域的情形。在研究时,这一区域范围为上述安全区宽度的距离在船舶四周的膨胀。

如图 8.3 所示,假设两艘船舶一前一后在同一航道上同向航行,可以根据交通流跟驰理论来确定 LNGC 安全区长度。S_m 取值为基于风险计算得出的 LNGC 的安全区宽度值。

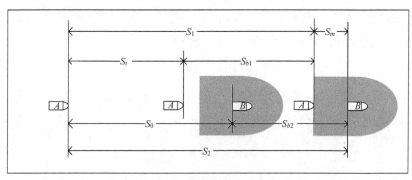

(a) 前船为LNGC

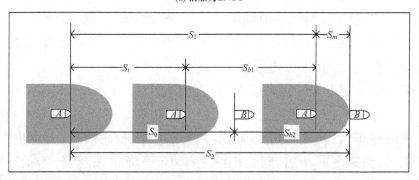

(b) 后船为LNGC

图 8.3　船舶跟弛制动过程

以前船开始制动时为参考时刻,设 A_0 为后船初始位置与 B_0 为前船初始位置,A_1 与 B_1 分别为其制动后的位置,A_0' 为后船开始制动的位置。

前船完成制动时距离后船初始位置为

$$S_2 = S_0 + S_{b2} \tag{8.1}$$

其中，S_0 为前船制动前两船净间距；S_{b2} 为前船的制动距离。

对后船而言，从发现前方态势到发出命令，再到主机动作这段时间内，后船行驶反应距离 S_t，后船开始制动后行驶距离 S_{b1}，因此后船移动距离为

$$S_1 = S_t + S_{b1} \tag{8.2}$$

其中，$S_t = Vt$，V 为前船制动时后船的速度，t 为后船反应时间，包括驾驶员对前船制动的反应时间和动作时间。

在两船先后完成制动时，两船的距离应大于安全余量 S_m，即 $S_2 - S_1 \geqslant S_m$，整理可得船舶安全纵向间距模型为

$$S_0 \geqslant S_t + S_{b1} + S_m - S_{b2} \tag{8.3}$$

当后船的制动距离小于或等于前船的制动距离时，会出现 $S_{b1} \leqslant S_{b2}$ 的情形，此时船舶安全纵向间距为

$$S_0 = S_t + S_m \tag{8.4}$$

在计算过程中，由于船舶 AIS 动态信息的刷新时间为 10s，驾驶员反应时间取 30~35s，动作时间取 2~3s，安全考虑可取 t 为 60s。

船舶的制动距离可分为停车冲程和倒车冲程，可以根据船舶速度从船舶资料上查到，也可由经验公式计算。

船舶以一定速度（全速或半速）在行驶中采取停车措施后，直至降到某一余速（2~4kn）前的变速运动称为船舶停车变速运动。

主机停车后，推力急剧下降到零。开始时，船速较高，阻力也大，速降很快；但当速度减小后，阻力也随之减小，速降越来越慢，船很难完全停止下来，且在水中亦很难判断。因此，通常以船速降至维持舵效的最小速度作为计算停车所需时间和船舶航进路程的标准。

停车冲程可采用 Topley 船长提出的经验估算式，即

$$S = 0.024C \times V_0 \times 1852 \tag{8.5}$$

其中，C 为船速减半时间常数（min）；V_0 表示船舶停车时初速（kn）；S 表示船舶停车冲程（m）；C 值随船舶排水量不同而不同（表 8.1）。

表 8.1　船速减半时间常数 C

排水量/吨	C/min	排水量/吨	C/min
1000	1	~45 000	9
~3000	3	~55 000	10
~6000	3	~66 000	11
~10 000	4	~78 000	12
~15 000	5	~91 000	13
~21 000	6	~105 000	14
~28 000	7	~120 000	15
~36 000	8		

　　船舶在全速前进中开后退三,从发令开始至船舶对水停止移动所航进的路程,称为倒车冲程。倒车冲程又称为紧急停船距离或最短停船距离,采用紧急停船距离经验估算法确定,即

$$S = \frac{1}{2}\frac{Wk_x}{gT_p}V_0^2 \tag{8.6}$$

其中,S 表示倒车冲程(m);g 表示重力加速度(9.8m/s²);W 表示船舶排水量(吨);k_x 表示船舶前进方向虚质量系数,可由实验取得,大型船舶可取 1.07;T_p 表示螺旋桨倒车拉力(t),估算时可用 T_p＝(后退倒车功率)来估算;V_0 表示船舶倒车时船速(m/s)。

8.1.3　移动安全区范围设置

1. 安全区宽度

　　过往船舶代表船型在恶劣天气条件下(横风≤7 级,横流 0.75m/s＜V≤1.00m/s),航迹带宽度如表 8.2 所示。据此,估计过往船舶在航道中分布函数的方差 Var 为 100~250,则实验条件下 Lp 在 50~150m。

　　由表 K.1 和表 K.2 可知,在 Var 一定时,基于事故可接受概率的 LNGC 移动安全区宽度 Lp 随过往船舶吨级和交通量的变化不大。过往船舶在航道中分布范围的集中程度 Var 对 Lp 影响较大:Var 越小,过往船舶在航道中分布的范围越集中,Lp 越小。

表 8.2　过往船舶航迹带宽度

过往船舶吨位/万 t	0.2	0.3	0.5	1	1.5	2	3.5	5	7	10
航迹带宽度/m	48	58	68	77	86	94	111	125	142	150

由表 K.1～表 K.5 可知,基于风险可接受概率的 LNGC 移动安全区宽度 Lr 随船舶大小和速度变化较大,在最危险的碰撞情形下(过往船舶速度 12kn,碰撞时两船船首向角度 110°)Lr 在 1200m 左右。在船舶速度、吨级较小时,由于船舶碰撞造成的损伤较小,不会引起 LNG 泄漏,Lr 值无法得出,在最终确定 LNGC 移动安全区宽度时取 Lp 值。

根据附录 K 中代表船型的 Lp 和 Lr 的数据,推荐 LNGC 移动安全区宽度取值如表 8.3 所示。

表 8.3　LNGC 移动安全区宽度

航经水域过往船舶速度限制/kn	航经水域过往船舶交通流量/(艘次/天)	航经水域过往船舶吨级/万 DWT	LNGC 载货容积/万 m³	移动安全区宽度/m
≤10	≤500	≤10	≤4	200
			4～10	300
			10～20	400
			>20	500

2. 安全区长度

安全纵向间距的保持主要由后船来控制,后船开始制动后行驶距离 S_{b1} 应选用本船的倒车冲程,可以根据本船速度从本船资料上查到,也可从倒车冲程计算公式得出。

对于前船的制动距离 S_{b2},要视前船的船舶参数及其采取的制动措施或发生的情况而定。从安全的角度考虑,S_{b2} 应取较小值。对于前船发生搁浅事故,制动距离 S_{b2} 就是所有可能发生的情况中的最小值($S_{b2} \approx 0$)。前船采取其他制动措施或主机故障,其制动距离 S_{b2} 均应大于其倒车冲程,所以后船在确定安全间距时,前船制动距离 S_{b2} 取其倒车冲程是最有利的。LNGC 的制动距离可由船舶的冲程图资料(附录 L)得出,如表 8.4 所示。

表 8.4　LNGC 制动距离

LNGC 载货容积/万 m³	LNGC 停车冲程			LNGC 倒车冲程		
	FAH-STOP/m	HAH-STOP/m	SAH-STOP/m	FAH-FAS/m	HAH-FAS/m	SAH-FAS/m
8	3241	2778	2315	863	741	519
15	5093	4630	4074	1609	1370	926
21	6297	5186	4074	2261	1389	833
26	8149	7408	6112	2021	1259	852

假设航道水深足够（不会发生搁浅事故），根据代表船型在不同情形下的安全区的长度如表 L.3 和表 L.4 所示。其他条件一定时，LNGC 的安全区长度随 LNGC 载货容量和船舶速度的增大而增大。由于船舶制动性能随着吨级的增加而降低，制动时距离更长，因此 LNGC 为前船时，LNGC 后方的安全区长度随后方船舶吨级的增大而增大；LNGC 为后船时，LNGC 前方的安全区长度随前方船后船舶吨级的增大而减小。推荐 LNGC 移动安全区长度如表 8.5 所示。

表 8.5　移动安全区长度

航经水域过往船舶速度限制	航经水域过往船舶交通流量/(艘次/天)	LNGC 载货容积/万 m³	移动安全区长度/m
≤10kn	≤500	≤4	500
		4~10	1200
		10~20	1500
		>20	1800

8.2　LNGC 停泊安全区设置标准

8.2.1　停泊安全区的定义

与移动安全区类似，为保障停泊的 LNGC 安全，在 LNGC 周围设置一定范围的受控水域作为 LNGC 停泊安全区，未经主管机关允许，除 LNG 本船外的其他船舶禁止进入该区域。

停泊安全区范围是指从 LNGC 廓线外的水域范围,如图 8.4 所示。

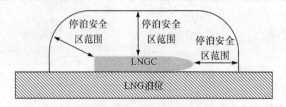

图 8.4　停泊安全区示意图

8.2.2　停泊安全区设置范围定量计算方法

停泊安全区范围的计算也采用基于风险可接受标准的方法,首先计算 LNGC 停泊期间被过往船舶碰撞的概率及风险,然后根据风险可接受标准界定 LNGC 停泊安全区范围。根据 LNGC 风险定量计算 LNGC 停泊安全区范围的流程如图 8.5所示。

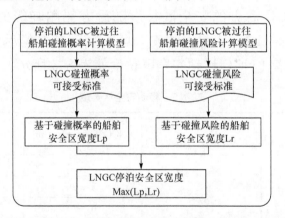

图 8.5　LNGC 停泊安全区宽度计算模型

首先,构建 LNGC 停泊事故风险量化计算模型。该模型由事故概率子模型和事故后果子模型两个部分构成。被过往船舶碰撞是船舶停泊期间面临的较高的事故风险之一,因此事故概率模型主要考虑停泊的 LNGC 被过往船舶碰撞的概率。事故后果的模型考虑 LNGC 的特殊危险性(易燃性),主要构建泄漏的 LNG 扩散燃烧对周围人员的伤害。

其次,确定 LNGC 风险可接受标准。参照风险可接受标准界定值,社会风险 LNGC 碰撞事故可接受概率设为 1.0×10^{-4} 艘次/a,个人风险 LNGC 事故风险可接受标准设为 1.0×10^{-7}/a。

　　然后,结合水域交通流和环境特征,利用模型计算 LNGC 停泊被过往船舶碰撞的概率及风险。

　　最后,计算满足碰撞概率在可接受范围内的他船至 LNGC 的最小距离和碰撞风险在可接受范围内的他船至 LNGC 的最小距离,取其中的较大值作为 LNGC 安全区的宽度。

　　LNGC 停泊风险计算数据图表见附录 M。

8.2.3　停泊安全区范围设置

　　停泊安全区的范围设置与移动安全区的类似,代表船型在实验条件下的 LNGC 停泊安全区宽度,如表 M.4 所示,据此推荐 LNGC 停泊安全区宽度,如表 8.6 所示。

表 8.6　LNGC 停泊安全区宽度

停泊水域附近限速	船舶交通流/(艘次/天)	过往船舶吨级/DWT LNGC载货容积/万 m³	2 万	5 万	7 万	10 万
≤10kn	≤500	≤4	150	200	250	300
		4～10	200	250	300	350
		10～20	250	300	350	400
		>20	350	400	450	500

第9章 基于风险定量评估的 LNGC 锚泊安全区与安全航速控制研究

9.1 LNGC 锚地选址要求

9.1.1 LNGC 锚地功能属性特点

与一般船舶锚地比较,LNGC 锚地具有更多不同功能的属性。为方便后面的分析和讨论,下面对 LNGC 锚地功能属性进行分析。

1. LNGC 锚地属于危险品锚地

LNG 具有挥发性和可燃性,根据其具有的危险性,按照国家《危险货物及品名编写》(GB6944—86),属于第 2 类(压缩气体和液化气)危险品。运输 LNG 的船舶属于载运危险品的船舶。根据危险品存储和运输的特性,为保证装载危险品船舶及其周围船舶的安全,在港口平面设计中,一般都会专门为危险品船舶设置危险品锚地。因此,从 LNGC 的属性出发,LNGC 锚地应属于危险品锚地的范畴。

2. LNG 锚地的应急属性

应急锚地在水运工程界是一个广泛应用,但没有明确定义的概念,一般理解为航行或者作业的船舶设置的用于处置紧急情况而设置的锚泊水域。由于其定义、特点、应用范围、选择标准的不确定性,导致目前国内外港口工程设计规范中并没有对应急锚地的设置参数进行明确。

根据国内外 LNGC 锚地设置情况来看,LNGC 锚地还具有应急属性。《液化天然气码头设计规范》(JTS165—5—2016)明确要求"液化天然气船舶应设置应急锚地"。这表明 LNGC 锚地和其他船舶锚地相比较,还必须具有处置 LNGC 突发事件的应急功能。这主要考虑 LNGC 的特殊危险性,当 LNGC 发生危险时,需要设置一块专门的水域供应急处置使用。

9.1.2　LNGC 锚地设置的基本原则

1. 一般原则

① 锚地规划应与港口和设施的总体规划及需求协调。海事主管机关负责锚地的设置和监督管理;在锚地规划的基础上设置锚地,为通航安全的需要可以在港口区域外规划设置锚地。锚地设置与规划不一致时须经通航安全影响论证确定[40,41]。当申请设置的锚地不符合通航安全要求、无法解决通航安全影响论证所提出的问题时,海事主管机关不予办理划定锚地海事行政许可审批手续。根据特殊要求需要设置锚地的情况,锚地需求方应向海事部门提交附带特殊管理和安全保障措施的特殊申请,经批准后设置。

② 锚地的划定申请、建设和维护由锚地附属的港口、装置和设施的所有权人、经营人负责;公用锚地建设和维护的费用由相关海域的人民政府负责[42]。

③ 锚地设置应以船舶所载运的货物为基础确定本港区锚地种类;具有液化天然气泊位的码头必须设立单独的液化天然气锚地;具有油轮泊位的码头必须设立单独的油轮锚地,液化石油气船舶可以和油轮共同使用锚地;其他种类的危险品船舶较多的港口应设置专用危险品锚地。

④ 不同功能性锚地可以根据港口的具体需求单独设置,也可在按照船舶种类设置锚地的基础上附加功能性需求。

⑤ 具有液化天然气、油轮(包括液化石油气)和专用危险品泊位的码头应为该类船舶设置应急锚地;如果需要应急锚地公用,必须通过使用保障效率的专门论证确定。

⑥ 临时锚泊点的设立应在考虑特殊需要、经过特殊论证并制定相应的特定安全保障措施后进行。

⑦ 锚地设置时必须考虑到港船舶的吨位差异和具体的水域条件,将不同吨位的船舶锚地分离设置为超大型船舶锚地、大型船舶锚地等。

2. 锚地位置

（1）总体要求

① 锚地位置尽量靠近港口或设施，便于船舶进出锚地和航道，并远离礁石、浅滩，以及具有良好定位条件的水域。

② 天然水深适宜、水底平坦、锚抓力好、水域开阔、风浪和水流较小。

③ 应考虑便于船舶寻找和方便设标，并满足各类船舶锚泊安全要求。

（2）不同锚地的特殊要求

① 油品船舶锚地和液化天然气船锚地位置选择上应考虑当地的盛行风和强风向，以及流向，尽量保证这些船舶的泄漏物不被驱向环境敏感区和码头泊位区。

② 货物作业锚地应避免设在风浪较大的水域，应避免在横流较大的区域设置双浮筒锚地。

③ 应急锚地的位置选择应充分考虑应急时确保能够撤离到位的需要，必要时进行专门论证。

（3）锚地与港口航道的相对关系

如果条件允许，锚地应设置在便于船舶进出锚地的航道附近，并充分考虑锚地至航道的安全距离。

（4）锚地与附近交通流的关系

锚地应远离水域内主要交通流，相对距离应根据水上交通流调查确定。

（5）锚地与附近礁石障碍物（如沉船）、水上人工建筑物、养殖区、军事活动区和环境保护区（如取水口）的关系

锚地和障碍物、建筑物和各种区域的连线方向尽可能不与水域主流向、盛行风向、强风向一致；相对距离应基于船舶应急备车所用时间和风流产生的船舶移动速度确定，必要时进行相关的数模计算或实验，保证船舶不会由于走锚失控而漂移至这些障碍物、建筑物和区域。

此外，锚地至过江管线的水平距离需按照规范和通航安全影响论

证要求进行论证。

3. 锚地底质

锚地的底质以泥和泥沙质为好,软泥质次之。应避免在硬黏土、硬砂土、多礁石及抛石地区设置锚地,如有必要应做锚抓力实验以确定底质选择的可行性。

4. 锚地水深

① 锚地最小水深按规范要求进行确定。

② 港内锚地水深一般情况下可以和泊位水深一致,但如果港内锚地用作船舶应急离泊所使用的锚地时,应对水深进行核定以确定其满足船舶航行锚泊的要求。

5. 锚地平面布置

(1) 特种船舶特别考虑

液化天然气船舶锚地和危险品装卸货锚地采用单锚位锚地布置。

(2) 大型、超大型船舶锚地

大型船舶和超大型船舶锚地应采用单锚位锚地或条形锚地布置;条形锚地的垂直方向为船舶进出锚地的方向;如果条形锚地两侧的自然条件均适合船舶进出锚地,条形锚地可以安排两排锚位。

(3) 多锚位锚地

结合自然环境条件按深大浅小、外大内小相结合分层配置。深大浅小,即船舶按尺度大小自深水区向浅水区分层次布置锚位。外大内小,即船舶按尺度大小自锚地外边沿向中心分层次布置锚位。

6. 危险品锚地

① 要求应选在靠近港口、天然水深适宜、海底平坦、锚抓力好、水域开阔、风、浪和水流较小,便于船舶进出航道,并远离礁石浅滩,以及具有良好定位条件的水域。

② 要考虑当地作业环境及天气条件,而且应考虑一旦出现危险品

泄漏,为使得危害最小化,对水流方向和风向要仔细考虑。

③ 其他非危险品船舶、船队不得在危险品锚地停泊或者航行。

④ 设计锚地时应该对船舶的待留时间进行控制。

⑤ 要求锚地区域与陆地管理部门建立信息系统,如 VTS。

⑥ 必要时,对危险品锚地进行分级,如专供油品危险品靠锚泊、专供化学品危险品靠锚泊等。

9.1.3　LNGC 锚地设置参数选取

考虑到 LNGC 锚地的特殊性,根据内河锚地设置参数要求和锚地设置的一般原则,参考《河港工程总体设计规范》和《液化天然气码头设计规范》(JTS165—5—2016)的相关要求,内河 LNGC 锚地的设置技术参数设置如下。

(1) 系泊方式

LNGC 在锚地系泊的方式,如抛锚、靠趸船、系靠船柱、系靠船墩等。

(2) 锚地距离 LNG 码头/泊位的距离

除了锚泊安全考虑,还要考虑 LNGC 从码头/泊位应急撤离的需求。

(3) 锚地距离航道的距离

需要考虑锚泊的 LNGC 对航道中过往船舶的威胁、锚泊的 LNGC 与过往船舶的碰撞风险、LNGC 在锚地的走锚风险等。

(4) 锚地与周围水工建筑和设施的安全距离

需要考虑 LNGC 安全事故对周围水工建筑和设施(包括桥梁、其他码头/泊位、通航枢纽、渡槽、过江电缆、水底电缆等)的可能影响。

(5) 锚地常风向风力

需要考虑风对 LNGC 锚泊安全性的影响。

(6) 锚地流速流向

需要考虑流对 LNGC 锚泊安全性的影响。

(7) 锚地底质

需要考虑底质对 LNGC 锚泊安全性的影响。

（8）锚地水深

LNGC 锚泊所需的安全水深。

（9）锚位面积

单艘船舶在锚泊时所需占用的水面面积。

9.2　LNGC 锚泊事故风险计算模型

9.2.1　走锚漂移方向概率模型

船舶一旦发生走锚,将会在风流的作用下产生漂流,假设 φ 是走锚船舶发生漂流后的方向角,$f(\varphi)$ 为漂流方向分布的概率密度函数。在不同风流情况下,船舶走锚漂流会产生一定的横向和纵向的漂流距离,根据函数 $f(\varphi)$,可以获取船舶漂流横向和纵向距离,依据横向和纵向漂流距离确定 LNGC 锚泊安全区域。

1. 走锚后 LNG 船舶漂流运动建模

模拟船舶走锚漂移过程需要借助船舶运动数学模型。MMG 模型是目前比较流行的船舶运动数学模型之一。该模型经过前人深入的理论研究,并结合大量试验,一直处于不断修改和完善过程,具有良好的实用性。利用目前已经获取的试验数据,即使在不具备进行试验手段的条件下,通过采用数学建模的方法,也可以构成具有相当精度的模型,用以获取船舶的动态响应。

锚泊船在走锚漂移过程中受到锚链力、风和流的作用力,根据 MMG 模型,可以建立走锚漂流运动模型,即

$$
\begin{aligned}
(M+M_x)\dot{u}-(M+M_y)vr &= X_H+X_A+X_{\mathrm{chain}} \\
(M+M_y)\dot{v}+(M+M_x)ur &= Y_H+Y_A+Y_{\mathrm{chain}} \\
(I_{zz}+J_{zz})\dot{r} &= N_H+N_A+N_{\mathrm{chain}}
\end{aligned}
\tag{9.1}
$$

其中,M、M_x、M_y、I_{zz} 和 J_{zz} 分别表示船舶质量、附加质量、惯性矩和附加惯性矩,其取值参考周昭明[43]通过多元回归元良图谱归纳得出的经验公式确定;u、v 和 r 表示船舶运动的速度分量和转首角速度;X、Y 和 N 分别表示作用于船体上的外力和力矩;H 表示裸船体;A 为风;C 为

锚链。

（1）风动力计算模型

$$X_A = 0.5\rho_\alpha A_f (\bar{V}_a - \tilde{V}_a)^2 C_{xa}(\alpha)$$
$$Y_A = 0.5\rho_\alpha A_s (\bar{V}_a + \tilde{V}_a) C_{ya}(\alpha) \qquad (9.2)$$
$$N_A = 0.5\rho_\alpha A_s L (\bar{V}_a + \tilde{V}_a) C_{na}(\alpha)$$

其中，ρ_α 表示空气密度；$C_{xa}(\alpha)$、$C_{ya}(\alpha)$ 和 $C_{na}(\alpha)$ 分别表示平面横、纵方向和力矩上的风力系数；α 表示相对风向角，即风向与船首向的夹角；A_f 表示船舶水线以上的正面受风面积；A_s 表示船舶水线以上的侧面受风面积。

假设风速为随机不定常，即风速由平均风速 $\bar{V}_a$ 和脉动风速 $\tilde{V}_a$ 组成，其中脉动风速的大小变化呈正态分布。

（2）流体动力计算模型

水流对船体的作用力运用相对速度法并入流体动力模型中，具体计算方法如下，即

$$u = u_r + V_c \cos(\varphi_c - \varphi)$$
$$v = v_r + V_c \sin(\varphi_c - \varphi) \qquad (9.3)$$

其中，V_c 表示流速；φ_c 表示流向；u_r 和 v_r 分别表示船舶对水速度分量；u 和 v 分别表示船舶对地运动速度分量。

流体动力的代表模型有井上模型、贵岛模型、Norrbin 模型和 Wagner Smith 等[44]，这里选用井上模型[45]。

井上模型中流体动力及力矩的计算如下，即

$$X'_H = X'_{uu}u'^2 + X'_{vv}v'^2 + X'_{vr}v'r' + X'_{rr}r'^2$$
$$Y'_H = Y'_v v' + Y'_r r' + Y'_{vv}|v'|v' + Y'_{vr}|v'|r' + Y'_{rr}|r'|r' \qquad (9.4)$$
$$N'_H = N'_v v' + N'_r r' + N'_{rr}|r'|r' + N'_{vvr}v'^2 r' + N'_{vrr}v'r'^2$$

各部分变量均经过无量纲处理，为简化计算过程，我们对以上各部分水动力导数的取值参照目前常规算法进行估算，公式整理如表 9.1 所示。

表 9.1　井上模型水动力导数估算公式

水动力导数	相关估算公式
X'_{uu}	$-\left[\left(2+\dfrac{B}{d}+\dfrac{2B}{L}\right)+4.4\left(\dfrac{1}{C_b}-1\right)^{\frac{2}{3}}\right]C_t$
X'_{vv}	$0.4\dfrac{B}{L}-0.006\dfrac{L}{d}$
X'_{vr}	$(1.75C_b-1.525)\dfrac{2m_y}{\rho L^2 d}$
X'_{rr}	$0.0003\dfrac{L}{d}$
Y'_v	$-\left(\dfrac{\pi d}{L}+1.4C_b\dfrac{B}{L}\right)$
Y'_r	$0.5\dfrac{\pi d}{L}$
Y'_{vv}	$0.048265-6.293(1-C_b)\dfrac{d}{B}$
Y'_{vr}	$-0.3791+1.28(1-C_b)\dfrac{d}{B}$
Y'_{rr}	$0.0045-0.445(1-C_b)\dfrac{d}{B}$
N'_v	$-\dfrac{2d}{L}$
N'_r	$\dfrac{4d^2}{L^2}-1.08\dfrac{d}{L}$
N'_{rr}	$-0.0805+8.6092\left(C_b\dfrac{B}{L}\right)^2-36.9816\left(C_b\dfrac{B}{L}\right)^3$
N'_{vvr}	$-6.0856+137.4735\left(C_b\dfrac{B}{L}\right)-1029.514\left(C_b\dfrac{B}{L}\right)^2+2480.6082\left(C_b\dfrac{B}{L}\right)^3$
N'_{vrr}	$-0.0635+0.04414\left(C_b\dfrac{d}{B}\right)$

注：B 表示船舶型宽；d 表示船舶吃水；L 表示船长；C_b 表示船舶方型系数，按照 $C_b=\dfrac{m}{\rho LBd}$；C_t 表示摩擦阻力系数，取值 0.0032。

（3）锚链作用力计算

船舶受到的锚作用力主要表现在锚链对船舶的作用力，参照静态悬链力方程[46]，该作用力的计算公式为

$$X_{\text{chain}}=F_h\cos(\varphi-B)$$

$$Y_{\text{chain}} = F_h \cos(\varphi - B) \tag{9.5}$$
$$N_{\text{chain}} = F_h l \sin(\varphi - B)$$

其中,φ 表示船舶船首向方向;B 表示锚链方位角;l 表示锚孔到船舶重心的水平距离(一般为船长的一半);F_h 表示锚链作用在船体上的水平拉力。

假设没有铺底锚链的作用,即不考虑铺底锚链的力的作用,则参照悬链力方程[47],F_h 的计算公式为

$$F_h = \omega_l \frac{L^2 - h^2}{2h} \tag{9.6}$$

其中,ω_l 表示单位长度上的锚链重量;h 表示锚链孔至底土高度;L 表示锚链悬链的长度。

(4) 参数无量纲化

船舶运动方程的各运动参量都具有单位量纲,并受到船舶尺度、航速和流体介质(大多数情况是水)等物理参数的影响,变化范围较大。为使初始数据能直接应用于模型及仿真环境,需要对上述运动参量进行无量纲化。参照美国造船与轮机工程协会(SNAME)[48]提出的无量纲系统,具体参数如表 9.2 所示。

表 9.2　无量纲参数设置

标准度量	无量纲参数	标准度量	无量纲参数
质量 m_0	$0.5\rho L^2 d$	角速度 ω_0	V/L
长度 L_0	L	角加速度 ε_0	V^2/L^2
时间 t_0	L/V	力 F_0	$0.5\rho V^2 L d$
线速度 v_0	V	力矩 N_0	$0.5\rho V^2 L^2 d$
线加速度 a_0	V^2/L	参考面积 S_0	Ld

(5) 走锚模拟方法

这里采用 MMG 模型建立走锚漂移运动模型的目的是根据外界风、流情况的变化预测船舶在发生走锚后船舶平面位置,即船舶的漂移距离和漂移方向,运用 MMG 模型可以较好地模拟走锚船舶在风、流作用下的漂移运动过程。

根据以上计算模型,可以建立以时间 t 为导数的常微分方程组,即

$$\dot{u}=\frac{1}{M+M_x}\big[(M+M_y)vr+X_H+X_A+X_{\mathrm{chain}}\big]$$

$$\dot{v}=\frac{1}{M+M_y}\big[Y_H+Y_A+Y_{\mathrm{chain}}-(M+M_x)\big]$$

$$\dot{r}=\frac{1}{I_{ZZ}+J_{ZZ}} \tag{9.7}$$

$$\dot{\varphi}=r$$

$$\dot{x}=u\cos\varphi-v\sin\varphi$$

$$\dot{y}=u\sin\varphi+v\cos\varphi$$

运用四阶龙格库塔法,对各变量设置初始值 u_0、v_0、r_0、φ_0、x_0 和 y_0,并设定 t 时间总长及步长 Δt,对各变量进行求解。计算得到的 x 和 y,即为船舶对应时间节点的坐标值,当 Δt 取值足够小时,可近似得到船舶漂移轨迹。

2. 走锚船舶漂移方向分布概率模型

船舶走锚运动由于自然环境的复杂性而具有不确定性,为模拟该运动过程,需要借助船舶运动数学模型,找出自然环境变量与船舶运动之间的关系。

结合 Monte Carlo[49] 思想,针对每一种风、流情况,模拟船舶走锚后的漂移运动,获取漂移方向与漂移距离,并根据风、流情况与船舶漂移方向的对应关系,得出船舶走锚漂移方向分布概率密度函数。

假设 $\{\varphi_i\}$ 是模拟后得到的 N 个走锚方向的值,$f(\varphi)$ 的概率密度函数为

$$f(\varphi)=\frac{N_\varphi}{N\times\omega} \tag{9.8}$$

其中,N_φ 表示落在 $\varphi-\omega/2\sim\varphi+\omega/2$ 中数据的个数,考虑漂流方向以 $1°$ 为单位能满足精度,设 ω 为 $1°$;N 表示采样次数 200。

根据经验判断得出,$f(\varphi)$ 呈正态分布,采用极大似然参数估计法,得到 $f(\varphi)$ 的均值 U 和方差 σ^2 可近似表示为

$$\begin{cases} U = \dfrac{1}{N}\displaystyle\sum_{i=0}^{N-1} \varphi_i \\[3mm] \sigma^2 = \dfrac{1}{N}\displaystyle\sum_{i=0}^{N-1} (\varphi_i - U)^2 \end{cases} \qquad (9.9)$$

依照此方法,根据不同风、流情况下的漂流方向概率密度函数,进而可以确定走锚漂移横向和纵向距离。

3. 走锚漂移运动模拟的算法设计及实现

结合 9.2 节中走锚建模的模型基础,算法流程如图 9.1 所示。

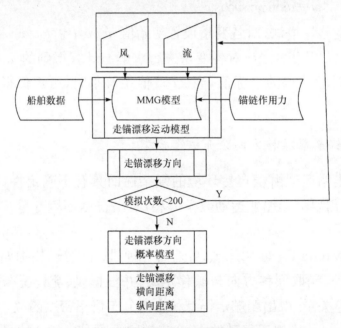

图 9.1　走锚漂移模型的算法流程

首先,将船舶的相关数据输入至船舶运动数学模型,对模型的固有条件进行设置。

其次,将符合该水域特征的风、流情况输入至船舶运动数学模型中进行模拟实验,以获取船舶走锚后 30 分钟的漂移运动情况。按照该过程进行 200 次实验,对实验结果进行线性拟合得到船舶走锚漂移方向分布概率密度函数。

最后,由分布概率密度函数,整理得到函数的均值和方差,根据均值及误差的比较,最终以船舶走锚漂移距离的估计值作为走锚漂移距离。

假设以一艘 1 万 m³ 的 LNG 船舶作为模拟代表船型,船长为125.1m,船宽 22.4m,满载吃水 4.1m,型深 8.6m。在不定常风、平均风速 15m/s、风向 210°、流向 180°、流速 2.4m/s 的情况下,船舶抛单锚,进行走锚船漂流运动的模拟,统计漂流方向数据,可以得出该情况下漂流方向概率密度函数,如图 9.2 所示。

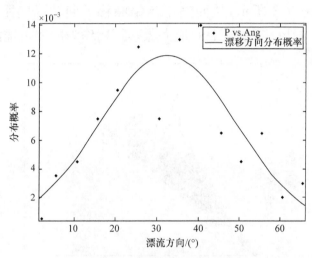

图 9.2　漂流方向概率密度函数

可以看出,漂流方向概率呈正态分布。根据风向角的不同,对应的均值及方差如表 9.3 所示。

表 9.3　不同风向下均值及方差值

风向角/(°)	030	090	150	210	270	330
均值/(°)	202.32	261.17	318.55	39.87	98.83	158.21
方差	6.83	6.77	7.03	6.81	6.35	6.57

以风向角在 180°为界限,整理得到的概率密度函数如下。

当风向角 $\theta \leqslant 180°$时,有

$$f(\varphi) = \frac{1}{\sqrt{2\pi} \times 6.87} \times \exp[-(x-\theta-174.11)^2/2 \times 6.87^2] \qquad (9.10)$$

当风向角 $\theta > 180°$时,有

$$f(\varphi)=\frac{1}{\sqrt{2\pi}\times 6.58}\times \exp[-(x-\theta+174.11)^2/2\times 6.58^2] \qquad (9.11)$$

漂流方向概率密度函数可以得出走锚船发生碰撞和搁浅概率,但需要结合走锚船周围某一种情况下的通航环境信息,如周围船舶、障碍物或浅水区等相对走锚船的方位,因此求取的碰撞和搁浅概率不具普适性。

根据风、流变化情况找出船舶走锚过程中产生的漂移距离范围,其走锚仿真如图 9.3 所示,从而确定走锚漂移横向和纵向距离。应用该方法,选取不同风、流情况下的最大漂移距离作为船舶走锚漂移距离。

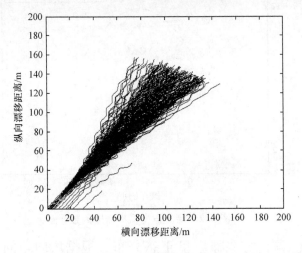

图 9.3　走锚仿真图

4. 他船碰撞锚泊 LNGC 事故概率模型

与撞击概率计算模型类似,他船碰撞锚泊 LNGC 的情形可假设为直线航道中的碰撞情形,其碰撞概率的计算为

$$P_{\text{LNGC}}^{i}=\sum_{j}D_{j\text{LNG}}\times Q_{j}\times Q_{\text{LNG}}\times P_{Ci} \qquad (9.12)$$

其中,$D_{j\text{LNG}}=\displaystyle\int_{0}^{(B_{j}+B_{\text{LNG}})/2}f_{j}(y)\mathrm{d}y$ 为发生碰撞的几何概率,考虑船型的多样性,可以将船舶分为 j 类分别计算;$f_{j}(y)$ 表示 j 类船舶在航道内的分布密度函数,以 LNG 船纵轴线为原点;B_{j} 表示 j 类船船宽;B_{LNG} 表示

LNG 船舶宽度；Q_j 表示 j 类船舶的日交通量；Q_{LNG} 表示 LNG 船每年锚泊天数；P_{Ci} 表示致因因子,碰撞情况下取 1.1×10^{-4}。

根据变量关系可以看出,在某一特定水域环境下,他船日交通量与 LNG 船每年锚泊天数在稳定状态下,LNG 船舶发生碰撞的概率在与船舶分布特征及两船船宽有关。

结合以上船舶碰撞概率模型研究基础,LNG 船舶碰撞概率的计算过程如图 9.4 所示。

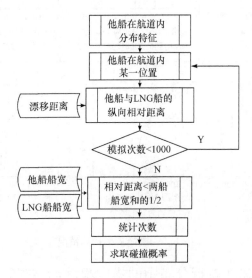

图 9.4　船舶碰撞概率模型算法流程

首先,需要根据船舶的基础特征对模型进行初始值的设置,将 LNG 船舶作为本船,输入本船船宽和年锚泊天数。需要的他船数据是他船船宽、日交通量和船舶分布密度函数。

随后,根据他船船舶分布密度函数模拟出他船在航道内的位置情况,并确定出两船的纵向距离,以两船船宽之和的一半作为船舶碰撞的判定界限,当两船的纵向距离大于此值,则认为两船未发生碰撞；当两船的纵向距离小于此值时,则认为两船发生碰撞。依据以上判定要求,运用模型模拟 1000 次,统计两船碰撞的次数,从而将碰撞次数除以模拟次数,得到船舶碰撞概率。为提高概率计算精度,可适当提高模拟次数。

假设本船船宽为 22.4m,他船分别为 1000~10 000t 普通货船,其日交通流为 50 艘次，LNG 船每年锚泊天数为 100，则计算在他船分布方差为 30～120 情况下的碰撞概率分布，结果如图 9.5 所示。

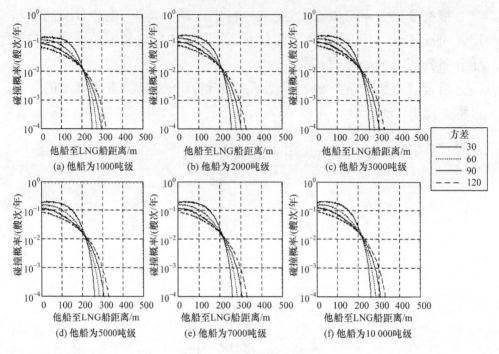

图 9.5　碰撞概率计算情况

方差表示他船在航行分布中的集中程度，方差越小，其集中程度越高。从图 9.5 可以看出，当他船越集中，随着到 LNG 船舶距离的增加越快，碰撞概率下降的越快；当他船的分布方差逐渐增大，即他船分布越不集中，碰撞概率随距离的增加，下降较缓；船型的大小对碰撞概率的影响相对较小。因此，在方差较小时，远距离处的碰撞概率较小；在方差较大时，远距离处的碰撞概率相对较大。

9.2.2　他船碰撞锚泊 LNGC 事故后果模型

他船碰撞锚泊 LNGC 事故后果的计算参照 7.4 节后果计算模型，包含船舶碰撞损害计算模型、LNG 泄漏与燃烧后果计算模型和 LNG 火灾伤亡后果计算模型。

9.3 LNGC 锚泊风险计算

9.3.1 走锚 LNGC 漂移距离计算

根据 LNGC 的走锚漂流仿真实验,获取在不同风(6~10 级)、流 (枯水期和丰水期)情况下的漂流方向分布概率,并计算 LNGC 走锚后 横向和纵向漂流距离。在不同风、流情况下,LNGC 走锚 30 分钟后横 向和纵向漂移距离,如表 9.4 所示。

表 9.4 不同风流影响下 LNGC 走锚横向和纵向漂移距离

风速	风向角 /(°)	枯水期(0.6m/s)		丰水期(2.4m/s)	
		横向漂移距离/m	纵向漂移距离/m	横向漂移距离/m	纵向漂移距离/m
6 级	30	64.711	134.572	74.981	166.343
	90	81.297	116.015	91.453	147.204
	150	71.506	85.608	75.259	73.955
	210	68.398	82.766	79.930	89.342
	270	84.102	119.535	89.007	144.602
	330	65.998	137.163	83.464	168.202
7 级	30	96.632	163.987	105.263	184.311
	90	122.855	132.470	126.002	157.460
	150	101.822	100.954	103.210	82.492
	210	94.614	99.265	100.239	86.579
	270	127.575	131.393	118.796	155.981
	330	103.033	161.352	101.587	200.193
8 级	30	128.303	187.458	131.281	215.664
	90	156.934	134.410	161.026	156.610
	150	129.500	120.043	132.534	97.060
	210	131.135	126.310	130.974	102.575
	270	159.332	140.760	164.563	142.729
	330	133.367	184.532	132.543	219.614

续表

风速	风向角 /(°)	枯水期(0.6m/s)		丰水期(2.4m/s)	
		横向漂移距离/m	纵向漂移距离/m	横向漂移距离/m	纵向漂移距离/m
9级	30	150.143	208.348	158.049	232.361
	90	188.618	133.575	195.512	159.853
	150	153.104	136.260	148.937	123.254
	210	154.613	135.258	160.732	128.412
	270	183.879	131.626	188.431	156.823
	330	158.895	210.810	156.502	238.908
10级	30	166.966	226.511	168.003	268.544
	90	219.235	137.021	219.306	164.939
	150	174.714	159.620	178.844	137.566
	210	172.715	161.810	175.357	141.838
	270	211.270	143.265	220.857	163.515
	330	170.877	232.383	172.379	270.298

根据表9.4,在不同的风、流影响下,可以绘制出走锚LNGC漂移范围,如图9.6所示。

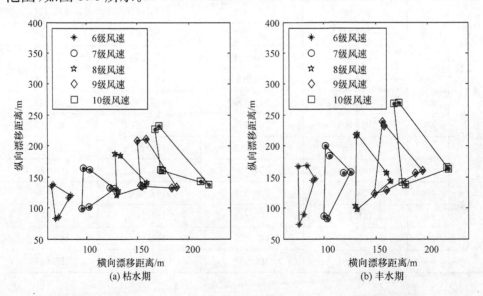

图9.6 不同风(6～10级)、流(枯水期和丰水期)情况下走锚漂移距离

根据表 9.4，在不同的风、流影响下，统计每种情况的走锚 LNGC 横向和纵向最大漂移距离，如表 9.5 所示。

表 9.5　不同风、流影响下 LNGC 走锚横向和纵向最大漂移距离

风速	枯水期(0.6m/s)		丰水期(2.4m/s)	
	横向漂移 最大距离/m	纵向漂移 最大距离/m	横向漂移 最大距离/m	纵向漂移 最大距离/m
6 级	84.102	137.163	91.453	168.202
7 级	127.575	163.987	131.002	200.193
8 级	159.332	187.458	164.563	219.614
9 级	188.618	210.810	195.512	238.908
10 级	219.235	232.383	220.857	270.298

9.3.2　他船碰撞锚泊 LNGC 风险计算

1. 他船碰撞锚泊 LNGC 概率计算

利用 IWRAP 模型计算的他船碰撞锚泊 LNGC 的概率，需要结合 LNGC 的相关参数和船舶通航状况。LNGC 的参数如表 9.6 所示。

表 9.6　LNGC 参数

参数名	参数值	单位
总长(LOA)	125.10	m
型宽(B)	22.40	m
型深(D)	8.60	m
设计吃水(TD)	4.10	m
载重量(DWT)	约 5200	t
服务航速(VS)	约 12.3	kn

假设船舶在航道横截面上的分布为正态分布，以 LNGC 锚地边界为原点，则过往船舶分布的期望即为航道至 LNGC 锚地的距离，根据内河航道船舶分布集中程度，方差取 30～120，船舶交通流量 12 000 艘

次/年,船舶载重吨在 0.1～1 万吨。考虑风流对锚泊 LNGC 的影响,计算 LNGC 横向漂移距离为 100m、150m、200m 时,锚泊的 LNGC 被他船碰撞的概率。

如图 9.7～图 9.9 所示,在其他条件一定的情况下,碰撞概率随着航道至 LNGC 锚地距离的增大而减小,在 350m 内迅速下降到 10^{-6} 以下。碰撞概率随船舶大小的变化不大,随他船在航道中分布方差 Var 变化较大,方差越大的碰撞概率随着航道至 LNGC 锚地距离减小的越慢。同时,碰撞概率的分布受 LNGC 横向漂移距离的影响较大,漂移距离越大,碰撞概率随着航道至 LNGC 锚地距离减小的越慢。

在计算出不同漂移距离的碰撞概率后,根据 LNG 船碰撞可接受概率为 $1.0 \times 10^{-4} \mathrm{a}^{-1}$,确定满足可接受概率下的锚泊位置距航道的最小安全距离,如表 N.1 所示。

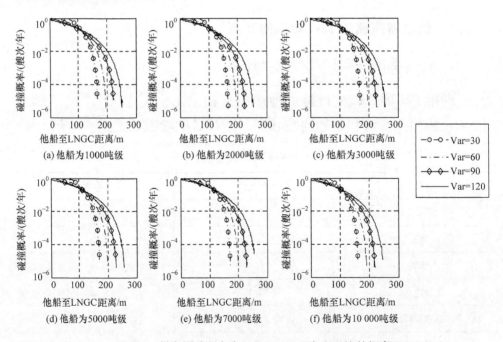

图 9.7　纵向漂移距离为 100m LNGC 发生碰撞的概率

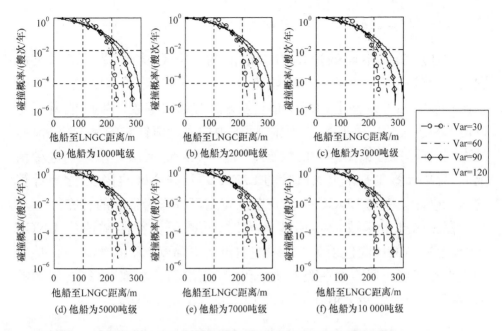

图 9.8　纵向漂移距离为 150m LNGC 发生碰撞的概率

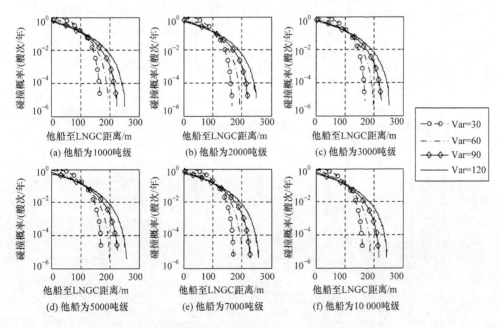

图 9.9　纵向漂移距离为 200m LNGC 发生碰撞的概率

2. 他船碰撞锚泊 LNGC 事故风险计算

过往船舶以不同的速度撞击锚泊的 LNGC 的风险计算结果如图 9.10 和图 9.11 所示。在船舶速度较小和(或)船舶速度较低时,图中没有显示相关条件下的风险值,这是因为碰撞事故产生的能量不足以使 LNGC 破损,LNG 没有泄漏,而图中的风险值针对的是 LNG 泄漏的火灾危险,在泄漏不存在的情况下,这一风险值无法计算。在这种情况下,无法计算出基于火灾风险的 LNGC 停泊安全区的宽度,之前计算的基于碰撞概率的 LNGC 停泊安全区宽度可以作为很好的补充。

在船舶排水量或(和)船速较大时,暴露目标在距锚泊的 LNGC 500m 范围内的风险值由 1×10^{-6} 左右迅速下降到 1×10^{-10} 以下。他船的大小和速度对风险值在距 LNG 运输船周围的分布都有影响,船舶越大、船速越快风险最大值在 LNGC 周围持续的范围越远。

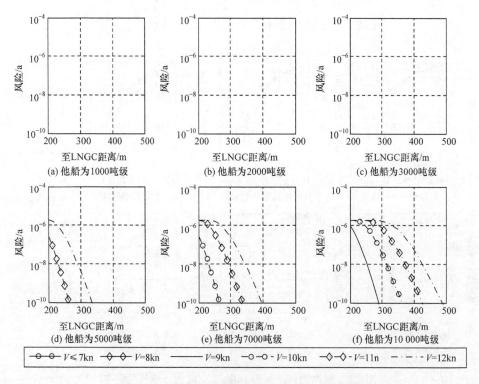

图 9.10　他船以 60°碰撞锚泊的 LNGC 风险分布

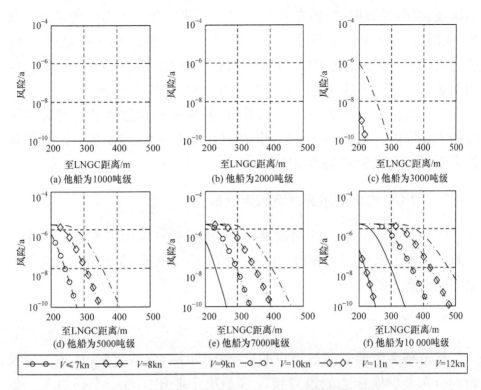

图 9.11　他船以 90°碰撞锚泊的 LNGC 的风险分布

　　根据以上风险分布状况结合风险可接受标准,满足风险可接受范围的航道至锚地安全距离如表 N.2 所示。根据表中数据可看出,航道至锚地的安全距离随船舶大小和速度的增大而增大。若水域内船舶小于 1000 吨或速度小于 7kn,使用本模型无法计算结果;若将船舶速度控制在 8kn 以下,航道至锚地的安全距离在 200 米即可。

9.4　LNGC 进出港航速控制

9.4.1　航速对 LNGC 进出港航行安全的影响

　　从大量水上交通事故可以看到,很多交通事故的发生与船舶使用航速不当有关。例如,船舶在能见度不良的情况下或在受限水域中高速行驶,与他船会遇时来不及采取及时而有效的避碰措施从而导致碰撞;船舶航速过低,操纵性能差,在狭水道等复杂的水域环境中因失控而搁浅、碰撞或触损;船舶在航道中高速行驶时会产生强烈的水动力效应,在船吸、岸吸和岸推等水动力的作用下发生碰撞、搁浅或触岸事故;船舶在浅水中高速行驶时因船体下沉过大而擦底损坏船体及设备;船舶在航道或港区高速航行,其兴波损害附近的他船或设施等。

由这些主要类型的事故可以看出,航速过高和过低往往是导致事故的主要原因。因此,避免这些事故的方法之一就是控制航速,使航速的大小处在有利于安全的范围内。

9.4.2 LNGC 进出港航速影响因素分析

影响船舶安全航速的因素有很多,从船舶在进出港航道航行中安全航速的控制角度,我们着重考虑航道尺度、自然环境和船舶操纵性因素对安全航速的影响。

1. 航道尺度

航道条件主要包括航道弯曲度、航道水深、可航宽度、航道中碍航物的分布及助航标志的设置情况等是决定船舶能否安全通过某一航道的关键性因素。弯曲航段的曲率半径制约船舶的过弯能力;当航道的可航宽度较窄、航道中又存在碍航物时,不仅给船舶的航行安全带来威胁,同时又极大地限制了船舶在避让时良好船艺的运用;当航道水深太浅时,浅水效应将使舵效变差,旋回直径增大。另外,由于船舶航速越大下沉量越大,为避免船舶在浅水区发生搁浅事故应限制船舶航速。

2. 自然环境

在自然环境中,对船舶安全航速影响最大的是风、浪、流。船舶在风、浪、流影响较大的水域航行时,船舶的航速、航向、冲程等要素由于受到外力的影响都会发生显著变化。当顺风、顺浪或顺流航行时,船舶的实际航速增大,船舶的停车、倒车冲程也随之增大;当顶风、顶浪或顶流航行时,情况正好相反;当船舶遇到横风、横流或斜顶浪时,会使船舶产生横移、纵横倾及左右摇摆,这时如果船速控制不当就会难以控制船舶的航向和船位,给采取适当的避让行动来避免碰撞带来困难。

此外,能见度也是决定安全航速若干因素中最重要的因素。船舶在能见度不良时的碰撞率极高,是能见度良好时的 1 倍以上,尤其以高速行驶非常危险。当能见度不良时,由于视觉瞭望受到限制,驾驶员只能依赖雷达、VHF 等无线电手段,以及雾号等听觉瞭望手段,对周围环境进行判断。这种判断因为无法达到通过视觉瞭望所具有的迅速直观效果,影响驾驶员对周围环境掌握的准确性。可能导致当发现问题时,在时间和距离上已来不及采取有效措施,也就是无法在安全距离内把船停住。因此,在一定程度上能见度受限制,船舶航速也应随之受到限制。

3. 船舶操纵性能

船舶的操纵性能主要指船舶保持或改变原来运动状态的性能,包括船舶惯性性能、旋回性能、航向稳定性能等,是影响船舶进出港航道航行时安全航速的一个重要因素,当船舶的航速不同时,其操纵性能也会发生变化。船舶速度快,其航向稳定性好,但船舶的惯性滑行距离大,这在要求船舶尽快降低航速进行避让操纵时,显然是不利的,而船速过慢,其航向性稳定性差,舵效缓慢,在进行转向避让时使船舶旋回所用的时间变长,不利于船舶采取及时有效的避让措施。

9.4.3　安全航速控制模型

船舶采用安全航速航行是为了能够在有限的时间内采取有效的避碰措施,以保障船舶航行安全。在船舶进出港航道航行的过程中,船速过高或者过低都会对船舶航行安全造成威胁,因此船舶在进出港航道航行时的安全航速是一个区间范围,在控制船舶安全航速时要同时考虑最小安全航速和最大安全航速,即

$$V_{safe} \in [V_{min}, V_{max}] \tag{9.13}$$

综合上节的分析,在充分考虑风、流、浪等外界环境情况下,结合船舶、航道及其他相关限制条件,构建最小安全航速和最大安全航速控制模型。

船舶最小安全航速是指为了保障船舶在进出港航道航行安全所需

的最小速度,涉及对船舶受风流影响下的横向漂移量的控制、舵效的维持,以及保持船舶操纵性。根据上述因素的影响,我们建立的船舶进出港航行最小安全航速控制模型为

$$V_{\min}(x_w, x_c, \mathrm{Ch}, K, T, R, K, T)$$

$$= \max\{V_{\min}^{\mathrm{ch}-w}(x_w, x_c, \mathrm{Ch}, K, T), V_{\min}^R(R, K, T), V_{\min}^{\mathrm{ru}}\} \qquad (9.14)$$

其中,$V_{\min}$ 为船舶最小安全航速;$V_{\min}^{\mathrm{ch}-w}$ 和 $V_{\min}^R$ 分别为顺直航道和弯曲航道条件限制性下的最小安全航速,其由风、流、航道条件,以及船舶操纵性决定;$V_{\min}^{\mathrm{ru}}$ 为维持船舶舵效所需的最小航速。

船舶在顺直航道航行时,由于风、流的影响,船舶发生横向漂移,横向漂移量受到风、流、船舶操纵性能,以及船舶尺寸的影响。由于航道可航宽度有限,船舶在应舵时间内的横向漂移总量 B_0 应小于可偏航距离 B_t(图 9.7),需满足以下条件,即

$$\left[0.041\sqrt{\frac{A_u}{A_d}}\,\mathrm{e}^{-0.14V_{\min}^{\mathrm{ch}-w}}v_w + v_c\sin\theta\right]T < \frac{B_r}{2} - \frac{B}{2} - \frac{B+L\sin\theta}{4} \qquad (9.15)$$

其中,A_u 为船体水线上侧受风面积;A_d 为船体水线下侧面积;v_w 为相对风速;v_c 为流速;θ 为偏航角,$\theta = K\left(\dfrac{v_w}{V_{\min}^{\mathrm{ch}-w}}\right)^2\sin Q_w + \arcsin\left(\dfrac{v_c\sin Q_c}{V_{\min}^{\mathrm{ch}-w}}\right)$,$Q_w$ 为风舷角,Q_c 为水流与航向夹角,K 为船舶旋回性指数;T 为船舶追随性指数;L 和 B 分别为船长和船宽;B_r 为航道宽度。

在弯曲航段,船舶运动比较复杂,所需航段宽度远大于直线航段宽度,加宽值 ΔB 大小与航道弯曲半径、流速、流向、船长等因素有关(图 9.12)。由于风流的影响,船舶在应舵时间内的横向漂移 B_0 总量应小于可偏航距离 B_t,即

$$B_1 + \Delta B_w + \Delta B_P + \Delta B_c < \frac{B_r}{2} + \Delta B - \frac{B+L\sin\theta}{4} \qquad (9.16)$$

其中,B_1 为无风无流条件下的过弯所需航宽,由船舶尺寸和弯曲航道曲率半径决定;ΔB_w 为风致漂移量,$\Delta B_w = 0.041\sqrt{\dfrac{A_u}{A_d}}\,\mathrm{e}^{-0.14V_{\min}^R}v_w \cdot$

$\dfrac{(\alpha_1-\alpha_2)R}{V_{\min}^R}\sin\alpha$,$\alpha_1$ 和 α_2 分别为船舶改向前和改向后的航向;ΔB_P 为偏

航量;ΔB_c 为流致漂移量,受到流速、流向、船速,以及船舶转向角决定,

$$\Delta B_c = \frac{V_c R(\alpha_1 - \alpha_2)}{V_{\min}^R} \sin Q_c \text{。}$$

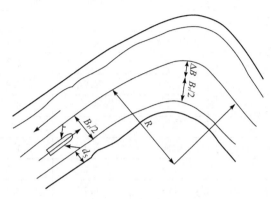

图 9.12 航道可航宽度

船舶在航行 1 倍船长的距离内,航向能够改变 5°,则可以认为有舵效。船舶舵效是保证船舶操纵性的一个重要参数,当船速过低时,船舶失去舵效,船舶的旋回性和航向稳定性都会失去,船舶的航行安全将受到威胁。不同的船舶,为维持舵效所需的最小船速均不相同。在船舶设计过程中,通过相关的航行实验给出了为维持舵效所需的最小船速值。

9.4.4 LNGC 进出港航行安全航速算例

根据以上模型,以某港口航道(表 9.7)为例,选取与航道相适应的大型散货船为实验对象,并结合实际通航水域的航道条件、环境因素,计算得到 LNGC 进出港安全航速。

表 9.7 参数设计

航道			船舶				波浪		可接受船舶搁浅概率	船舶改向角/(°)
长/m	宽/m	曲率半径/m	长/m	宽/m	吃水/m	方形系数	波高/m	周期/s		
10^4	420	200	290	45	11	0.8	3.8	16	10^{-4}	30

LNGC 在进出港过程中,可以参照上述算法和通航水域的实际条

件,确定安全航速,计算结果如表 9.8 所示。

表 9.8　LNGC 最小安全航速

自然条件		LNGC 载货容量/万 m³			
横流/kn	横风/(m/s)	8	15	21	26
2	3	3	4.1	5.1	5.7
	6	3	4.3	5.4	6
	9	3	4.7	5.9	6.5
	12	3	5.2	6.4	7
	15	3.1	5.7	7	7.6
3	3	3.5	6.1	7.5	8.8
	6	3.6	6.3	7.8	9
	9	3.8	6.7	8.2	9.1
	12	4	7.1	8.7	9.6
	15	4.2	7.6	9.3	10.6
4	3	4.6	8	10.5	11.5
	6	4.7	8.7	10.7	11.8
	9	4.9	8.6	11	12.2
	12	5.1	9	11.5	12.7
	15	5.3	10	12.3	13.3

第10章 基于风险定量评估的LNGC 进出港航道通航尺度研究

10.1 LNGC进出港航道宽度控制

《海港总体设计规范》(JTS 165—2013)指出,航道有效宽度由航迹带宽度、船舶间富裕宽度和船舶与航道底边间的富裕宽度组成。单向航道宽度可分别按以下方式确定。当航道较长、自然条件较差和船舶定位困难时,可适当加宽;在自然条件有利的地点,经论证可适当缩窄。

对于单向航道,即

$$W = A + 2c \tag{10.1}$$

$$A = n(L\sin\gamma + B) \tag{10.2}$$

其中,W 为航道有效宽度(m);A 为航迹带宽度(m);n 为船舶漂移倍数,采用表10.1中的数值;γ 为风、流压偏角(°),采用表10.1中的数值;c 为船舶与航道底边间的富裕宽度(m),采用表10.2中的数值。

表10.1 满载船舶漂移倍数 n 和风、流压偏角 γ 值

风力	横风≤7级			
横流 V/(m/s)	$V \leqslant 0.25$	$0.25 < V \leqslant 0.50$	$0.50 < V \leqslant 0.75$	$0.75 < V \leqslant 1.00$
n	1.81	1.69	1.59	1.45
γ/(°)	3	7	10	14

注:当斜向风、流作用时,可近似取其横向投影值查表。

表10.2 船舶与航道底边间的富裕宽度 c

项目	杂货船或集装箱船		散货船		油船或其他危险品船	
船速/kn	≤6	>6	≤6	>6	≤6	>6
c/m	0.50B	0.75B	0.75B	B	B	1.50 B

10.2　基于风险可接受标准的双向通航航道有效宽度

根据《海港总体设计规范》(JTS 165—2013)双向航道的计算方法,结合船舶碰撞风险,建议 LNGC 通航双向航道由下式计算。

对于双向航道,有效宽度(图 10.1)为

$$W = \frac{A1}{2} + \frac{A2}{2} + c1 + c2 + d \tag{10.3}$$

其中,W 为航道有效宽度(m);$A1$ 和 $A2$ 为会遇船舶的航迹带宽度(m);$c1$ 和 $c2$ 为会遇船舶与航道底边间的富裕宽度(m),计算方法与单向航道中的方法相同;d 为两船的中轴线间距。

与 LNGC 安全区界定方法类似,通过计算 LNGC 通航中的碰撞风险和概率,根据风险可接受标准确定两船的中轴线间距。

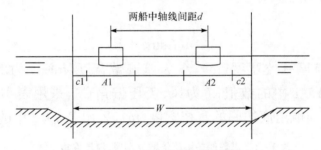

图 10.1　双向航道有效宽度

假设 LNGC 与散货船在航道中交会,船舶在航道横截面上呈正态分布,船舶的分布方差根据船舶航迹带宽度确定,可以利用基于事故可接受概率计算得出的两船的中轴线间距,如表 10.3 所示。

表 10.3　两船的中轴线间距

船舶速度 /kn	LNGC 容量/万 m³	过往船大小/万 t									
		0.2	0.3	0.5	1	1.5	2	3.5	5	7	10
8	1.8	—	159	162	166	167	177	185	186	198	195
	8	—	321	327	332	345	354	368	370	393	399
	15	—	471	472	482	480	499	525	521	551	557
	21	—	582	593	601	605	626	646	651	687	683
	26	—	682	687	702	705	738	761	756	795	800

船舶速度 /kn	LNGC 容量/万 m³	过往船大小/万 t									
		0.2	0.3	0.5	1	1.5	2	3.5	5	7	10
10	1.8	—	155	155	160	164	171	178	175	188	189
	8	—	312	319	325	329	340	356	357	377	378
	15	—	449	450	455	465	487	498	497	527	529
	21	—	553	564	578	573	592	611	621	651	649
	26	—	641	655	659	679	706	714	715	761	761
12	1.8	—	153	153	158	161	165	173	174	183	185
	8	—	305	310	308	319	329	344	347	365	368
	15	—	433	438	448	456	472	486	482	504	516
	21	—	540	551	545	556	576	591	601	633	636
	26	—	627	630	645	661	679	701	689	731	733

据此,建议 LNGC 双向通航时两船的中轴线间距如表 10.4 所示。

表 10.4　两船的中轴线间距

船舶速度控制/kn	LNGC 载货容积/万 m³	两船的中轴线间距/m
≤10	≤4	100～150
	4～10	150～200
	10～20	250～300
	>20	300～400

参 考 文 献

[1] 冯延魁,陈燕,惠亚妮. 液化天然气(LNG)运输浅析[J]. 科技经济市场,2014,(9):91.

[2] 刘佳. 试析我国液化天然气的海上运输[J]. 国土资源情报,2014,(12):27-31.

[3] IGU. Natural Gas Facts & Figures[EB/OL]. http://www. igu. org/resources-data/Natural Gas Facts & Figures. pdf[2014-10-03].

[4] Woodmakenzie. LNG:2014 in Review [R]. http://portal. woodmac. com/web/woodmac/document? contentId=26369225[2015-01-07].

[5] 庞名立. 2015 年 5 月全球 LNG 运输船大盘点[EB/OL]. http://www. wusuobuneng. com/archives/20237[2015-7-5].

[6] 何乾伟,赵莹. 中国 LNG 发展现状分析[J]. 化工管理,2015,(17):60-61.

[7] 黄维新,于庭安,杨立兵,等. 液态天然气(LNG)储运安全因素分析[J]. 中国公共安全(学术版),2008,(1):71-74.

[8] 李永鹏,陈爱玲,汪洋. 新型 LNGC 舶采用双燃料电力推进的优势分析[J]. 青岛远洋船员学院学报,2005,26(4):36-38.

[9] Colton T. The World Fleet of LNG Carriers [EB/OL]. http://shipbuildinghistory. com/today/highvalueships/lngfleet. htm[2013-9-5].

[10] 阎英美. 多式联运模式下 LNG 罐式集装箱量化研究[D]. 大连:大连海事大学硕士学位论文,2012.

[11] 彭建华. 交通部科学研究院:LNG 罐式集装箱水运安全性探讨[J]. 世界海运,2007,30(3):139-141.

[12] 王运龙,关心,马坤. 小型 LNG 船先进性评价方法[J]. 大连理工大学学报,2013,(6):858-863.

[13] 石峰,梁斌,朱崇远. 江海直达 LNG 运输船船型及操纵性分析[J]. 天津航海,2013,(3):4-6.

[14] 文元桥,杨雲,首长清. LNG 船舶进出港航行移动安全区宽度定量计算分析[J]. 中国航海,2013,23(5):68-75.

[15] Mcbride M. Approach Chamels-A Guide for Design[EB/OL]. http://www. docin. com/p-700701581. html[2009-10-10].

[16] Society of International Gas Tanker and Terminal Operators. Site Selection and Design for LNG Ports and Jetties,2012.

[17] 徐孝轩,陈维平,余金怀. 液化天然气的运输方式及其特点[J]. 油气储运,2006,(3):6-11.

[18] 李健. 世界 LNG 船舶研究[J]. 中国石油大学胜利学院学报,2006,20(3):9.

[19] 张勇. 液化天然气 LNG 的海上运输[J]. 水运工程,2004,(3):65-67.

[20] 周浩. 散装液体化学品码头区域环境风险评价研究[D]. 大连:大连海事大学硕士学位论文,2002.

［21］刘茂. 事故风险分析理论与方法［M］. 北京：北京大学出版社，2011.

［22］梁军. 船舶风险管理培训教程［M］. 大连：大连海事大学出版社，2011.

［23］Denmark. Formal Safety Assessment. FSA-Liquefied Natural Gas（LNG）Carriers［R］. Copenhagen：International Maritime Oganization，2007.

［24］李宝岩. 可接受风险标准研究［D］. 镇江：江苏大学博士学位论文，2010.

［25］崔永伟，杜聪慧. 生产函数理论与函数形式的选择研究［C］//第十四届中国管理科学学术年会，2012.

［26］Vrijling J K，van Hengel W，Houben R J. A framework for risk evaluation［J］. Journal of Hazardous Materials，1995，43（3）：245-261.

［27］IMO. Liquefied Natural Gas（LNG）Carriers，Details of the Formal Safety Assessment. International Maritime Organization，MSC 83/INF. 3，3 July，2007.

［28］Friis-Hansen P. Basic modelling principles for prediction of collision and grounding frequencies［D］. Technical University of Denmark，2008.

［29］Goerlandt F，Kujala P. Traffic simulation based ship collision probability modeling［J］. Reliability Engineering & System Safety，2011，96（1）：91-107.

［30］Ylitalo J. Modeling marine accident frequency［D］. Aalto UniversitySchool of Science and Technology，2010.

［31］赵志垒. 对 LNG 船舶船岸衔接及港内航行过程的安全评估［D］. 大连：大连海事大学硕士学位论文，2010.

［32］Chen D. Simplified ship collision model［D］. Virginia Polytechnic Institute and State University Ocean Engineering，2000.

［33］Rawson C E. A probabilistic evaluation of tank ship damage in grounding events［D］. MITDepartment of Ocean Engineering. Science in Naval Architecture and Marine Engineering，1988.

［34］Alexandrov M N. Safety of Life at Sea［M］. Leningrad：Sudostroenie，1983.

［35］Soares C G，Basu R，Simonsen B C，et al. Damage assessment after accidental events［C］//The 17th International Ship and Offshore Structures Congress，2009.

［36］Mc Grattan K B，Baum H R，Hamins A. Thermal radiation from large pool fires［R］. National Institute of Standards and Technology，2000.

［37］陈娟，王海龙. 有风条件下倾斜柱体池火视角系数模型与计算［J］. 浙江化工，2013，44（8）：24-28.

［38］DiNenno P J. SFPE Handbook of Fire Protection Engineering［M］. New York：SFPE，2008.

［39］王新. 天然气管道泄漏扩散事故危害评价［D］. 哈尔滨：哈尔滨工业大学博士学位论文，2010.

［40］中华人民共和国海事局水上水下活动通航安全影响论证与评估管理办法［EB/OL］. https://wen ku. baidu. com/viewy a5/63f130b4e767f5acfce65. html［2011-9-1］.

［41］港口规划管理规定［EB/OL］. http：//www. gov. cn/ziliao/flfg/2008-01102/contert_

848769. htm[2007-1-1].

[52] 中华人民共和国海域使用管理法[EB/OL]. http://www. zhb. gov. cn/gzfw13107/2cfg/fl/
201605/t20160522-343387. steml[2002-1-1].

[43] 周昭明. 多用途货船的操纵性预报计算[J]. 船舶工程,1983,(6):21-36.

[44] 张玉喜. 钻井平台拖带的建模与仿真[D]. 大连:大连海事大学博士学位论文,2010.

[45] 陈海龙. 冰区航行的船舶运动数学模型[D]. 大连:大连海事大学博士学位论文,2014.

[46] 尹建川,侯建军,东昉. 锚泊状态下锚链作用力的计算方法[J]. 大连海事大学学报,2005,
(4):12-16.

[47] 金永兴,任生春. 船舶结构与设备[M]. 北京:人民交通出版社,2004.

[48] 徐文灿. 胡俊. 计算流体力学[M]. 北京:北京理工大学出版社,2011.

[49] 赵宇,翟庆庆. 可靠性与风险分析蒙特卡罗方法[M]. 北京:国防工业出版社,2014.

附　　录

附录 A　全球服役和在建的 LNG 运输船（截至 2015 年 5 月）

造船厂家	船名	船东	交付时间	储罐系统	舱容/m³
比利时					
Boelwerf	Methania	Distrigas	1978.10	GT NO.85	131 235
中国					
大连中远		CNOOC Energy	2015.3	TGE C	28 000
沪东中华	大鹏昊	China LNG Shipping	2008.4	GT NO.96	147 000
沪东中华	大鹏月	China LNG Shipping	2008.7	GT NO.96	147 000
沪东中华	闽榕	China LNG Shipping	2009.2	GT NO.96	147 000
沪东中华	闽鹭	China LNG Shipping	2009.8	GT NO.96	147 100
沪东中华	大鹏星	China LNG Shipping	2009.10	GT NO.96	147 100
沪东中华	Shen Hai	China LNG Shipping	2012.9	GT NO.96	147 100
沪东中华	Papua	Aquarius LNG	2015.2	GT NO.96	172 000
沪东中华	Beidou Star		2015.10	GT NO.96	172 000
沪东中华	Southern Cross		2015.2	GT NO.96	172 000
沪东中华			2016.2	GT NO.96	172 000
沪东中华		Sinopec/CSG	2016.4	GT NO.96	174 000
沪东中华		Sinopec/CSG	2016.8	GT NO.96	174 000
沪东中华		Sinopec/CSG	2016.12	GT NO.96	174 000
沪东中华		Sinopec/CSG	2017.4	GT NO.96	174 000
沪东中华		Sinopec/CSG	2017.8	GT NO.96	174 000
沪东中华		Sinopec/CSG	2017.11	GT NO.96	174 000
沪东中华		Teekay LNG	2017.9	GT NO.96	174 000
沪东中华		Teekay LNG	2018.1	GT NO.96	174 000
沪东中华		Teekay LNG	2018.6	GT NO.96	174 000
沪东中华		Teekay LNG	2019.1	GT NO.96	174 000

续表

造船厂家	船名	船东	交付时间	储罐系统	舱容/m³
芬兰					
Kvaerner-Masa	Mubaraz	National Gas Shipping	1996.1	Moss	136 357
Kvaerner-Masa	Mraweh	National Gas Shipping	1996.6	Moss	136 357
Kvaerner-Masa	AlHamra	National Gas Shipping	1997.1	Moss	136 357
Kvaerner-Masa	Umm AlAshtan	National Gas Shipping	1997.5	Moss	136 357
法国					
Atlantique	Bebatik	Brunei Shell Tankers	1972.10	TZ Mk. I	75 100
Atlantique	LNG Lagos	Bonny Gas Transport	1976.12	GT NO.85	122 000
Atlantique	LNG Port Harcourt	Bonny Gas Transport	1977.9	GT NO.85	122 000
Atlantique	Mourad Didouche	SNTM-Hyproc	1980.7	GT NO.85	126 130
Atlantique	Ramdane Abane	SNTM-Hyproc	1981.7	GT NO.85	126 130
Atlantique	Puteri Intan	M. I. S. C.	1994.8	GT NO.96	130 405
Atlantique	Puteri Delima	M. I. S. C.	1995.1	GT NO.96	130 405
Atlantique	Puteri Nilam	M. I. S. C.	1995.6	GT NO.96	130 405
Atlantique	Puteri Zamrud	M. I. S. C.	1996.5	GT NO.96	130 405
Atlantique	Puteri Firus	M. I. S. C.	1997.5	GT NO.96	130 405
Atlantique	GDF Suez Global	GDF Suez	2006.12	CS1	74 100
Atlantique	Provalys	GDF Suez	2006.11	CS1	153 500
Atlantique	Gaselys	GDF Suez/NYK	2007.3	CS1	153 500
Dunkerque	Sunrise	Dynacom	1977.12	GT NO.85	129 299
Dunkerque	Tenaga Dua	M. I. S. C.	1981.8	GT NO.88	130 000
Dunkerque	Tenaga Tiga	M. I. S. C.	1981.12	GT NO.88	130 000
Dunkerque	Tenaga Satu	M. I. S. C.	1982.9	GT NO.88	130 000
LaCiotat	Belanak	Brunei Shell Tankers	1975.7	TZ Mk. I	75 000
LaCiotat	Mostefa Ben Boulaid	SNTM-Hyproc	1976.8	TZ Mk. I	125 260
LaSeyne	Bilis	Brunei Shell Tankers	1975.3	GT NO.82	77 731
LaSeyne	Bubuk	Brunei Shell Tankers	1975.10	GT NO.82	77 670
LaSeyne	Larbi Ben MHidi	SNTM-Hyproc	1977.6	GT NO.85	129 767
LaSeyne	Bachir Chihani	SNTM-Hyproc	1979.2	GT NO.85	129 767
LaSeyne	Tenaga Empat	M. I. S. C.	1981.3	GT NO.88	130 000
LaSeyne	Tenaga Lima	M. I. S. C.	1981.9	GT NO.88	130 000

续表

造船厂家	船名	船东	交付时间	储罐系统	舱容/m³
德国					
HDW	Golar Freeze	Golar LNG	1977. 2	Moss	125 820
HDW	Gandria	Golar LNG	1977. 10	Moss	125 820
意大利					
Genova Sestri	LNG Portovenere	LNG Shipping spa	1996. 6	GT NO. 96	65 000
Genova Sestri	LNG Lerici	LNG Shipping spa	1998. 3	GT NO. 96	65 000
日本					
IHI Chita	Polar Spirit	Teekay LNG	1993. 6	IHI SPB	89 880
IHI Chita	Arctic Spirit	Teekay LNG	1993. 12	IHI SPB	89 880
Kawasaki Sakaide	Golar Spirit	Golar LNG	1981	Moss	129 000
Kawasaki Sakaide	Wil Power	Awilco LNG	1983. 8	Moss	125 700
Kawasaki Sakaide	Koto	J3 Consortium	1984. 1	Moss	125 199
Kawasaki Sakaide	Northwest Shearwater	NW Shelf Shipping	1991. 9	Moss	127 500
Kawasaki Sakaide	LNG Flora	J3 Consortium	1993. 3	Moss	127 705
Kawasaki Sakaide	Shahamah	National Gas Shipping	1994. 10	Moss	136 872
Kawasaki Sakaide	Surya Aki	MCGC International	1996. 2	Moss	19 474
Kawasaki Sakaide	AlRayyan	J4 Consortium	1997. 3	Moss	135 358
Kawasaki Sakaide	AlWakrah	J4 Consortium	1998. 12	Moss	135 358
Kawasaki Sakaide	AlBiddah	J4 Consortium	1999. 11	Moss	135 279
Kawasaki Sakaide	Energy Frontier	Tokyo LNG Tankers	2003. 9	Moss	147 599
Kawasaki Sakaide	Energy Advance	Tokyo LNG Tankers	2005. 3	Moss	145 000
Kawasaki Sakaide	Fuji LNG	Aletheia Owning	2004. 3	Moss	149 172
Kawasaki Sakaide	Arctic Voyager	K Line	2006. 4	Moss	140 000
Kawasaki Sakaide	Lalla Fatma N'Soumer	Algeria Nippon Gas	2004. 12	Moss	145 445
Kawasaki Sakaide	Energy Progress	Mitsui OSK Line	2006. 11	Moss	145 000
Kawasaki Sakaide	LNG Dream	Osaka Gas	2006. 9	Moss	145 000
Kawasaki Sakaide	Nizwa LNG	Oryx LNG Carriers	2005. 12	Moss	145 000
Kawasaki Sakaide	Neva River	K Line	2007. 12	Moss	145 000
Kawasaki Sakaide	LNG Ebisu	Pioneer Navigation	2008. 12	Moss	145 000
Kawasaki Sakaide	LNG Barka	Osaka Gas	2008. 12	Moss	153 000
Kawasaki Sakaide	LNG Jupiter	Osaka Gas	2008. 11	Moss	153 000
Kawasaki Sakaide	Sun Arrows	Maple LNG Transport	2007. 9	Moss	19 100

续表

造船厂家	船名	船东	交付时间	储罐系统	舱容/m³
Kawasaki Sakaide	Energy Navigator	Tokyo LNG Tankers	2008. 3	Moss	145 000
Kawasaki Sakaide	Energy Confidence	Tokyo LNG Tankers	2009. 3	Moss	153 000
Kawasaki Sakaide	Taitar No. 2	NYK Line	2009. 12	Moss	145 000
Kawasaki Sakaide	Taitar No. 4	NYK Line	2010. 10	Moss	145 000
Kawasaki Sakaide	Energy Horizon	Tokyo LNG Transport	2011. 8	Moss	177 000
Kawasaki Sakaide	Grace Dahlia	Tokyo Gas	2013. 10	Moss	177 000
Kawasaki Sakaide	LNG Fukurokuju	LNG Fukurokuju Sg.	2015. 6	Moss	165 000
Kawasaki Sakaide		K Line	2015. 12	Moss	165 000
Kawasaki Sakaide		K Line	2016. 10	Moss	182 000
Kawasaki Sakaide		Mitsui & Co.	2017	Moss	155 000
Kawasaki Sakaide		Mitsui & Co.	2018	Moss	155 000
Kawasaki Sakaide		K Line	2016	Moss	165 000
Koyo Dock	Trinity Arrow	K Line	2008. 3	TZ Mk. III	154 200
Koyo Dock	Trinity Glory	K Line	2008. 12	TZ Mk. III	154 000
Koyo Dock	GDF Suez Point Fortin	Trinity LNG	2010. 2	TZ Mk. III	154 200
MHI Nagasaki	Wil Energy	Awilco LNG	1983. 10	Moss	125 500
MHI Nagasaki	Echigo Maru	J3 Consortium	1983. 8	Moss	125 568
MHI Nagasaki	Wil Gas	Awilco LNG	1984. 7	Moss	125 600
MHI Nagasaki	Northwest Sanderling	NW Shelf Shipping	1989. 6	Moss	127 500
MHI Nagasaki	LNG Swift	J3 Consortium	1989. 9	Moss	127 500
MHI Nagasaki	Ekaputra	Humpuss Consortium	1990. 1	Moss	136 400
MHI Nagasaki	Northwest Seaeagle	NW Shelf Shipping	1992. 11	Moss	127 500
MHI Nagasaki	LNG Vesta	Tokyo Gas Consortium	1994. 6	Moss	127 547
MHI Nagasaki	Dwiputra	Humpuss Consortium	1994. 3	Moss	127 386
MHI Nagasaki	Ish	National Gas Shipping	1995. 11	Moss	136 824
MHI Nagasaki	Northwest Stormpetrel	NW Shelf Shipping	1994. 12	Moss	127 500
MHI Nagasaki	AlKhor	J4 Consortium	1996. 12	Moss	137 354
MHI Nagasaki	AlWajbah	J4 Consortium	1997. 6	Moss	137 354
MHI Nagasaki	Doha	J4 Consortium	1999. 6	Moss	137 354
MHI Nagasaki	AlJasra	J4 Consortium	2000. 7	Moss	137 100
MHI Nagasaki	Golar Mazo	Golar/Chinese Pet	2000. 1	Moss	135 225
MHI Nagasaki	LNG Jamal	Osaka Gas/J3 Cons.	2000. 10	Moss	135 333

续表

造船厂家	船名	船东	交付时间	储罐系统	舱容/m³
MHI Nagasaki	Sohar LNG	Oman Gas/MOL	2001.10	Moss	137 248
MHI Nagasaki	Abadi	Brunei Shell Tankers	2002.6	Moss	135 000
MHI Nagasaki	Puteri Intan Satu	M. I. S. C.	2001.12	GT NO.96	137 100
MHI Nagasaki	Puteri Nilam Satu	M. I. S. C.	2003.9	GT NO.96	137 100
MHI Nagasaki	Galea	Shell Shipping	2002.10	Moss	134 425
MHI Nagasaki	Gallina	Shell Shipping	2003.3	Moss	134 425
MHI Nagasaki	Pacific Notus	Pacific LNG Shipping	2003.9	Moss	137 006
MHI Nagasaki	Puteri Firus Satu	M. I. S. C.	2004.9	GT NO.96	137 100
MHI Nagasaki	Gemmata	Shell Shipping	2004.3	Moss	138 104
MHI Nagasaki	Arctic Princess	Hoegh LNG/MOL	2006.6	Moss	147 200
MHI Nagasaki	Arctic Lady	Hoegh LNG/MOL	2006.5	Moss	147 200
MHI Nagasaki	Pacific Eurus	LNG MarineTpt	2006.3	Moss	137 000
MHI Nagasaki	Ibri LNG	Oman Gas/MOL	2006.7	Moss	147 200
MHI Nagasaki	Alto Acrux	LNG MarineTpt	2008.3	Moss	147 200
MHI Nagasaki	Seri Bakti	M. I. S. C.	2007.4	GT NO.96	152 300
MHI Nagasaki	Seri Begawan	M. I. S. C.	2007.12	GT NO.96	152 300
MHI Nagasaki	Seri Bijaksana	M. I. S. C.	2008.2	GT NO.96	152 300
MHI Nagasaki	Seri Balhaf	M. I. S. C.	2008.9	GT NO.96	152 000
MHI Nagasaki	Seri Balqis	M. I. S. C.	2008.12	GT NO.96	152 000
MHI Nagasaki	Grand Elena	Sovcomflot/NYK Line	2007.10	Moss	147 200
MHI Nagasaki	Grand Aniva	Sovcomflot/NYK Line	2008.1	Moss	147 200
MHI Nagasaki	Cygnus Passage	Cygnus LNG Shipping	2009.1	Moss	145 400
MHI Nagasaki	Pacific Enlighten	LNG MarineTpt	2009.3	Moss	145 000
MHI Nagasaki	Taitar No. 1	NYK Line	2009.10	Moss	145 000
MHI Nagasaki	Taitar No. 3	NYK Line	2010.1	Moss	145 000
MHI Nagasaki	Pacific Arcadia	LNG MarineTpt	2014.5	Moss	145 400
MHI Nagasaki	LNG Venus	Osaka Gas/MOL	2014.11	Sayaendo	155 000
MHI Nagasaki		Osaka Gas/MOL	2015	Sayaendo	155 000
MHI Nagasaki		Mitsui OSK Line	2015	Sayaendo	155 000
MHI Nagasaki		Mitsui OSK Line	2016	Sayaendo	155 000
MHI Nagasaki			2016	Sayaendo	155 000
MHI Nagasaki			2016	Sayaendo	155 000

续表

造船厂家	船名	船东	交付时间	储罐系统	舱容/m³
MHI Nagasaki		Ocean Breeze LNG	2017	Sayaendo	155 000
MHI Nagasaki		NYK Line	2017	Sayaendo	155 000
MHI Nagasaki		Mitsui & Co.	2018	Moss	177 000
MHI Nagasaki		Mitsui & Co.	2019	Moss	177 000
Mitsui Chiba	Senshu Maru	J3 Consortium	1984. 2	Moss	125 000
Mitsui Chiba	Wakaba Maru	J3 Consortium	1985. 4	Moss	125 000
Mitsui Chiba	Northwest Swallow	J3 Consortium	1989. 11	Moss	127 500
Mitsui Chiba	Northwest Snipe	NW Shelf Shipping	1990. 9	Moss	127 500
Mitsui Chiba	Northwest Sandpiper	NW Shelf Shipping	1993. 2	Moss	127 500
Mitsui Chiba	Al Khaznah	National Gas Shipping	1994. 6	Moss	136 872
Mitsui Chiba	Ghasha	National Gas Shipping	1995. 6	Moss	136 824
Mitsui Chiba	Al Zubarah	J4 Consortium	1996. 12	Moss	137 573
Mitsui Chiba	Broog	J4 Consortium	1998. 5	Moss	135 466
Mitsui Chiba	Zekreet	J4 Consortium	1998. 12	Moss	135 420
Mitsui Chiba	Puteri Delima Satu	M. I. S. C.	2002. 4	GT NO. 96	137 100
Mitsui Chiba	Puteri Zamrud Satu	M. I. S. C.	2004. 1	GT NO. 96	137 100
Mitsui Chiba	Dukhan	J4 Consortium	2004. 10	Moss	135 000
Mitsui Chiba	Puteri Mutiara Satu	M. I. S. C.	2005. 4	GT NO. 96	137 100
Mitsui Chiba	Arctic Discoverer	K Line	2006. 1	Moss	140 000
Mitsui Chiba	GrandMereya	Primorsk/MOL/K	2008. 5	Moss	147 200
NKKTsu	Aman Bintulu	Perbadanan/NYK	1993. 10	TZ Mk. III	18 928
NKKTsu	Aman Sendai	Perbadanan/NYK	1997. 5	TZ Mk. III	18 928
NKKTsu	Aman Hakata	Perbadanan/NYK	1998. 11	TZ Mk. III	18 800
NKKTsu	Surya Satsuma	MCGC International	2000. 10	TZ Mk. III	23 096
Universal	Cheikh El Mokrani	Med. LNGTpt. Corp.	2007. 6	TZ Mk. III	75 500
Universal	Cheikh Bouamama	Med. LNGTpt. Corp.	2008. 7	TZ Mk. III	75 500
韩国					
Daewoo	SK Summit	SK Shipping	1999. 8	GT NO. 96	138 000
Daewoo	K. Acacia	Korea Line	2000. 1	GT NO. 96	138 017
Daewoo	K. Freesia	Korea Line	2000. 6	GT NO. 96	135 256
Daewoo	Hispania Spirit	Teekay LNG	2002. 9	GT NO. 96	140 500
Daewoo	Excalibur	Exmar	2002. 10	GT NO. 96	138 034

续表

造船厂家	船名	船东	交付时间	储罐系统	舱容/m³
Daewoo	BW Suez Boston	BW Gas	2003. 1	GT NO. 96	138 059
Daewoo	Excelsior	Exmar	2005. 1	GT NO. 96	138 060
Daewoo	Galicia Spirit	Teekay LNG	2004. 7	GT NO. 96	140 624
Daewoo	Disha	Petronet LNG Ltd.	2004. 1	GT NO. 96	136 026
Daewoo	Raahi	Petronet LNG Ltd.	2004. 12	GT NO. 96	136 026
Daewoo	BW Suez Everett	BW Gas	2003. 6	GT NO. 96	138 028
Daewoo	Excel	Exmar/MOL	2003. 9	GT NO. 96	138 107
Daewoo	Northwest Swan	NW Shelf Shipping	2004. 3	GT NO. 96	138 000
Daewoo	Methane Princess	Golar LNG	2003. 8	GT NO. 96	138 000
Daewoo	Golar Arctic	Golar LNG	2003. 12	GT NO. 96	140 648
Daewoo	Berge Arzew	BW Gas	2004. 7	GT NO. 96	138 088
Daewoo	Excellence	GKFF Ltd.	2005. 5	GT NO. 96	138 120
Daewoo	LNG Pioneer	Mitsui OSK Line	2005. 7	GT NO. 96	138 000
Daewoo	Golar Winter	Golar LNG	2004. 3	GT NO. 96	140 648
Daewoo	LNG River Orashi	BW Gas	2004. 11	GT NO. 96	145 914
Daewoo	LNG Enugu	BW Gas	2005. 10	GT NO. 96	145 000
Daewoo	LNG Oyo	BW Gas	2005. 12	GT NO. 96	140 500
Daewoo	LNG Benue	BW Gas	2006. 3	GT NO. 96	145 700
Daewoo	Golar Grand	Golar LNG	2006. 1	GT NO. 96	145 700
Daewoo	Rasgas Asclepius	Kristen Navigation	2005. 7	GT NO. 96	145 000
Daewoo	Umm Bab	Kristen Navigation	2005. 11	GT NO. 96	145 000
Daewoo	LNG Lokoja	BW Gas	2006. 12	GT NO. 96	148 300
Daewoo	LNG Kano	BW Gas	2007. 1	GT NO. 96	148 300
Daewoo	LNG Ondo	BW Gas	2007. 9	GT NO. 96	148 300
Daewoo	LNG Imo	BW Gas	2008. 7	GT NO. 96	148 300
Daewoo	Stena Blue Sky	Stena Bulk	2007. 1	GT NO. 96	145 700
Daewoo	Golar Maria	Golar LNG	2006. 6	GT NO. 96	145 700
Daewoo	Simaisma	Kristen Navigation	2006. 7	GT NO. 96	145 700
Daewoo	Iberica Knutsen	Knutsen OAS	2006. 10	GT NO. 96	138 000
Daewoo	Excelerate	Exmar/Excelerate	2006. 10	GT NO. 96	138 074
Daewoo	Al Marrouna	Teekay LNG	2006. 11	GT NO. 96	151 700
Daewoo	Al Areesh	Teekay LNG	2007. 1	GT NO. 96	151 700

续表

造船厂家	船名	船东	交付时间	储罐系统	舱容/m³
Daewoo	Al Daayen	Teekay LNG	2007.4	GT NO. 96	151 700
Daewoo	Tangguh Towuti	Sovcomflot/NYK Line	2008.10	GT NO. 96	145 700
Daewoo	Tangguh Batur	Sovcomflot/NYK Line	2008.12	GT NO. 96	145 700
Daewoo	Al Jassasiya	Kristen Navigation	2007.5	GT NO. 96	145 700
Daewoo	Maran Gas Coronis	Kristen Navigation	2007.6	GT NO. 96	145 700
Daewoo	Al Ruwais	ProNav Ship Mgmt.	2007.11	GT NO. 96	210 100
Daewoo	Al Safliya	ProNav Ship Mgmt.	2007.11	GT NO. 96	210 100
Daewoo	Duhail	ProNav Ship Mgmt.	2008.1	GT NO. 96	210 100
Daewoo	Al Ghariya	ProNav Ship Mgmt.	2008.1	GT NO. 96	210 100
Daewoo	Al Aamriya	J5 Consortium	2008.3	GT NO. 96	210 100
Daewoo	Al Oraiq	J5 Consortium	2008.4	GT NO. 96	210 100
Daewoo	Murwab	J5 Consortium	2008.5	GT NO. 96	210 100
Daewoo	Fraiha	J5 Consortium	2008.9	GT NO. 96	210 100
Daewoo	Umm Al Amad	J5 Consortium	2008.9	GT NO. 96	210 100
Daewoo	Explorer	Exmar/Excelerate	2008.3	GT NO. 96	150 981
Daewoo	Al Ghuwairiya	QGTC	2008.8	GT NO. 96	261 700
Daewoo	Lijmiliya	QGTC	2009.1	GT NO. 96	261 700
Daewoo	Al Samriya	QGTC	2008.12	GT NO. 96	261 700
Daewoo	BW GDF Suez Paris	BW Gas	2009.8	GT NO. 96	162 400
Daewoo	BW GDF Suez Brussels	BW Gas	2009.8	GT NO. 96	162 400
Daewoo	K. Jasmine	Korea Line	2008.3	GT NO. 96	145 700
Daewoo	K. Mugungwha	Korea Line	2008.11	GT NO. 96	151 800
Daewoo	Express	Exmar/Excelerate	2009.5	GT NO. 96	150 900
Daewoo	Al Sheehaniya	QGTC	2009.2	GT NO. 96	210 100
Daewoo	Al Sadd	QGTC	2009.3	GT NO. 96	210 100
Daewoo	Onaiza	QGTC	2009.4	GT NO. 96	210 100
Daewoo	Barcelona Knutsen	Knutsen OAS	2010.4	GT NO. 96	173 400
Daewoo	Stena Crystal Sky	Stena Bulk	2011.6	GT NO. 96	171 800
Daewoo	Sevilla Knutsen	Knutsen OAS	2010.5	GT NO. 96	173 400
Daewoo	Exquisite	Exmar	2009.10	GT NO. 96	151 017
Daewoo	Expedient	Exmar	2010.4	GT NO. 96	151 015
Daewoo	Exemplar	Exmar	2010.9	GT NO. 96	151 072

造船厂家	船名	船东	交付时间	储罐系统	舱容/m³
Daewoo	Arkat	Brunei Shell Tankers	2011.2	GT NO.96	148 000
Daewoo	ValenciaKnutsen	Knutsen OAS	2010.10	GT NO.96	173 400
Daewoo	Ribera del Duero Knutsen	Knutsen OAS	2010.11	GT NO.96	173 400
Daewoo	Amali	Brunei Shell Tankers	2011.7	GT NO.96	148 000
Daewoo	Stena Clear Sky	StenaBulk	2011.6	GT NO.96	171 800
Daewoo	Sonangol Sambizanga	Sonangol Shipping	2011.10	GT NO.96	160 500
Daewoo	Sonangol Etosha	Sonangol Shipping	2011.11	GT NO.96	160 500
Daewoo	Sonangol Benguela	Sonangol Shipping	2011.12	GT NO.96	160 500
Daewoo	Al Khattiya	QGTC	2009.10	GT NO.96	210 100
Daewoo	Al Karaana	QGTC	2009.10	GT NO.96	210 100
Daewoo	Al Dafna	QGTC	2009.10	GT NO.96	210 100
Daewoo	Al Nuaman	QGTC	2009.12	GT NO.96	210 100
Daewoo	Woodside Rogers	Maran Gas	2013.7	GT NO.96	155 900
Daewoo	Wil Force	Awilco LNG	2013.8	GT NO.96	155 900
Daewoo	Wil Pride	Awilco LNG	2013.11	GT NO.96	155 900
Daewoo	Maran Gas Delphi	Maran Gas	2014.2	GT NO.96	155 900
Daewoo	Maran Gas Lindos	Maran Gas	2014.3	GT NO.96	155 900
Daewoo	Woodside Goode	Maran Gas	2013.10	GT NO.96	155 900
Daewoo	Maran Gas Efessos	Maran Gas	2014.6	GT NO.96	155 900
Daewoo	Corcovado LNG	Cardiff Marine	2014.3	GT NO.96	159 800
Daewoo	Kita LNG	Cardiff Marine	2014.7	GT NO.96	159 800
Daewoo	Palu LNG	Cardiff Marine	2014.10	GT NO.96	159 800
Daewoo	Yari LNG	Cardiff Marine	2014.11	GT NO.96	159 800
Daewoo	Experience	Excelerate	2014.3	GT NO.96	174 400
Daewoo		Stena LNG	2015	GT NO.96	155 900
Daewoo		Stena LNG	2015	GT NO.96	155 900
Daewoo	Maran Gas Mystras	Maran Gas	2015.5	GT NO.96	155 900
Daewoo	Maran Gas Troy	Maran Gas	2015.6	GT NO.96	155 900
Daewoo		MEGI LNG	2016	GT NO.96	173 000
Daewoo		MEGI LNG	2016	GT NO.96	173 000
Daewoo		Almi Gas	2014.7	GT NO.96	155 900
Daewoo		Almi Gas	2014.9	GT NO.96	155 900

续表

造船厂家	船名	船东	交付时间	储罐系统	舱容/m³
Daewoo		MEGI LNG	2017	GT NO. 96	173 000
Daewoo		Maran Gas	2016	GT NO. 96	155 900
Daewoo		Maran Gas	2016	GT NO. 96	155 900
Daewoo		Maran Gas	2016	GT NO. 96	155 900
Daewoo		Maran Gas	2016	GT NO. 96	155 900
Daewoo		MEGI LNG	2017	GT NO. 96	173 000
Daewoo		MEGI LNG	2017	GT NO. 96	173 000
Daewoo		SovComFlot	2016. 3	GT NO. 96	173 000
Daewoo		ARC 7 LNG	2017	GT NO. 96	172 000
Daewoo		ARC 7 LNG	2018	GT NO. 96	172 000
Daewoo		ARC 7 LNG	2019	GT NO. 96	172 000
Daewoo		ARC 7 LNG	2019	GT NO. 96	172 000
Daewoo		ARC 7 LNG	2019	GT NO. 96	172 000
Daewoo		ARC 7 LNG	2019	GT NO. 96	172 000
Daewoo		BW Gas	2017	GT NO. 96	173 400
Daewoo		BW Gas	2018	GT NO. 96	173 400
Daewoo		MEGI LNG	2018	GT NO. 96	173 000
Daewoo		MEGI LNG	2018	GT NO. 96	173 000
Daewoo		MEGI LNG	2018	GT NO. 96	173 000
Daewoo		MEGI LNG	2018	GT NO. 96	173 000
Hanjin H. I.	Hanjin Pyeong Taek	Hanjin Shipping	1995. 9	GT NO. 96	130 600
Hanjin H. I.	Hanjin Muscat	Hanjin Shipping	1999. 7	GT NO. 96	138 200
Hanjin H. I.	Hanjin Sur	Hanjin Shipping	2000. 1	GT NO. 96	138 333
Hanjin H. I.	Hanjin Ras Laffan	Hanjin Shipping	2000. 7	GT NO. 96	138 214
Hanjin H. I.	STX Kolt	STXPanocean	2008. 11	TZ Mk. III	145 700
Hanjin H. I.	GasLog Chelsea	GasLog Logistics	May-10	TZ Mk. III	153 000
Hyundai	Hyundai Utopia	Hyundai MM	1994. 6	Moss	125 182
Hyundai	YK Sovereign	SK Shipping	1994. 12	Moss	127 125
Hyundai	Hyundai Greenpia	Hyundai MM	1996. 11	Moss	125 000
Hyundai	Hyundai Technopia	Hyundai MM	1999. 7	Moss	135 000
Hyundai	Hyundai Cosmopia	Hyundai MM	2000. 1	Moss	135 000
Hyundai	Hyundai Aquapia	Hyundai MM	2000. 3	Moss	135 000

续表

造船厂家	船名	船东	交付时间	储罐系统	舱容/m³
Hyundai	Hyundai Oceanpia	Hyundai MM	2000. 7	Moss	135 000
Hyundai	LNG Rivers	Bonny Gas Transport	2002. 6	Moss	137 200
Hyundai	LNG Sokoto	Bonny Gas Transport	2002. 8	Moss	137 200
Hyundai	LNG Bayelsa	Bonny Gas Transport	2003. 2	Moss	137 500
Hyundai	FSRU Toscana	OLT Offshore	2003. 12	TZ Mk. III	138 830
Hyundai	Golar Viking	Golar LNG	2005. 1	TZ Mk. III	138 830
Hyundai	LNG Akwa Ibom	Bonny Gas Transport	2004. 11	Moss	141 000
Hyundai	LNG Adamawa	Bonny Gas Transport	2005. 6	Moss	141 000
Hyundai	LNG Cross River	Bonny Gas Transport	2005. 9	Moss	141 000
Hyundai	LNG River Niger	Bonny Gas Transport	2006. 5	Moss	141 000
Hyundai	Ob River	Lance Shipping	2007. 7	TZ Mk. III	150 000
Hyundai	Grace Acacia	Algaet Shipping	2007. 1	TZ Mk. III	150 000
Hyundai	Grace Barleria	Swallowtail Shipping	2007. 10	TZ Mk. III	150 000
Hyundai	Grace Cosmos	Algahunt Shipping	2008. 3	TZ Mk. III	150 000
Hyundai	Clean Force	Seacrown Mariti	2008. 1	TZ Mk. III	150 000
Hyundai	Clean Energy	Pegasus Shipholding	2007. 3	TZ Mk. III	150 000
Hyundai	Neo Energy	Tsakos Navigation	2007. 2	Moss	150 000
Hyundai	British Emerald	BP Shipping	2007. 6	TZ Mk. III	155 000
Hyundai	British Ruby	BP Shipping	2008. 7	TZ Mk. III	155 000
Hyundai	British Sapphire	BP Shipping	2008. 9	TZ Mk. III	155 000
Hyundai	Tangguh Hiri	Teekay LNG	2008. 11	TZ Mk. III	155 000
Hyundai	Al Gattara	Overseas Shipholding	2007. 11	TZ Mk. III	216 200
Hyundai	Al Gharaffa	Overseas Shipholding	2008. 9	TZ Mk. III	216 200
Hyundai	Al Thumama	J5 Consortium	2008. 1	TZ Mk. III	216 200
Hyundai	Al Sahla	J5 Consortium	2008. 3	TZ Mk. III	216 200
Hyundai	Al Utouriya	J5 Consortium	2008. 9	TZ Mk. III	215 000
Hyundai	Abdelkader	Cleopatra Shipping	2009. 10	TZ Mk. III	177 000
Hyundai	Hyundai Ecopia	Hyundai M. M.	2008. 11	TZ Mk. III	145 000
Hyundai	Mesaimeer	QGTC	2009. 3	TZ Mk. III	216 200
Hyundai	Al Kharaitiyat	QGTC	2009. 5	TZ Mk. III	216 200
Hyundai	Al Rekayyat	QGTC	2009. 6	TZ Mk. III	216 200
Hyundai	Hoegh Gallant	Hoegh LNG	2014. 11	TZ Mk. III	

造船厂家	船名	船东	交付时间	储罐系统	舱容/m³
Hyundai	Independence	Hoegh LNG	2014.5	TZ Mk. III	
Hyundai	PGN FSRU Lampung	Hoegh LNG	2014.3	TZ Mk. III	
Hyundai	Hoegh Grace	Hoegh LNG	2015.3	TZ Mk. III	
Hyundai		Hoegh LNG	2017	TZ Mk. III	
Hyundai	Yenisei River	Dynagas	2013.7	TZ Mk. III	155 000
Hyundai	Lena River	Dynagas	2013.10	TZ Mk. III	155 000
Hyundai	Clean Planet	Dynagas	2014.6	TZ Mk. III	155 000
Hyundai	Clean Ocean	Dynagas	2014.9	TZ Mk. III	160 000
Hyundai	Clean Horizon	Dynagas	2015.3	TZ Mk. III	160 000
Hyundai	Clean Vision	Dynagas	2015.6	TZ Mk. III	160 000
Hyundai	BW Pavilion Vanda	BW Gas	2015.1	TZ Mk. III	164 000
Hyundai	BW PavilionLeeara	BW Gas	2015.3	TZ Mk. III	164 000
Hyundai	Arctic Aurora	Dynagas	2013.7	TZ Mk. III	160 000
Hyundai	Adam LNG	Oman Shipping	2014.9	TZ Mk. III	162 000
Hyundai	Amani	Brunei Shell Tankers	2014.11	TZ Mk. III	155 000
Hyundai	Maria Energy	Tsakos Energy	2015.1	TZ Mk. III	162 000
Hyundai	LNG Bonny	Bonny GasTpt.	2015.10	TZ Mk. III	162 000
Hyundai	LNG Lagos	Bonny GasTpt.	2015.12	TZ Mk. III	162 000
Hyundai		GasLog Logistics	2017	TZ Mk. III	162 000
Hyundai		GasLog Logistics	2017	TZ Mk. III	162 000
Hyundai		Petronas	2016	Moss	150 000
Hyundai		Petronas	2016	Moss	150 000
Hyundai		Petronas	2016	Moss	150 000
Hyundai		Petronas	2016	Moss	150 000
Hyundai Samho	British Diamond	BP Shipping	2008.9	TZ Mk. III	155 000
Hyundai Samho	Tangguh Sago	Teekay LNG	2009.3	TZ Mk. III	155 000
Hyundai Samho	Spirit of Hela	Nefertiti Shipping	2009.10	TZ Mk. III	177 000
Hyundai Samho	Maran Gas Apollonia	Maran Gas	2014.1	TZ Mk. III	
Hyundai Samho	Maran Gas Posidonia	Maran Gas	2014.5	TZ Mk. III	
Hyundai Samho	Maran Gas Sparta	Maran Gas	2015.3	TZ Mk. III	
Hyundai Samho		Maran Gas	2015.7	TZ Mk. III	
Hyundai Samho	Golar Glacier	Golar LNG	2014.7	TZ Mk. III	162 000

造船厂家	船名	船东	交付时间	储罐系统	舱容/m³
Hyundai Samho	Golar Kelvin	Golar LNG	2014.10	TZ Mk. III	162 000
Hyundai Samho		Maran Gas	2015	TZ Mk. III	
Hyundai Samho		Maran Gas	2015	TZ Mk. III	
Hyundai Samho		Maran Gas	2016	TZ Mk. III	
Hyundai Samho		Maran Gas	2016	TZ Mk. III	
Hyundai Samho		Maran Gas	2016	TZ Mk. III	
Hyundai Samho		Maran Gas	2016	TZ Mk. III	
Samsung	SK Supreme	SK Shipping	2000.1	TZ Mk. III	138 200
Samsung	SK Splendor	SK Shipping	2000.3	TZ Mk. III	138 375
Samsung	SK Stellar	SK Shipping	2000.12	TZ Mk. III	138 375
Samsung	British Trader	BP Shipping	2002.12	TZ Mk. III	138 000
Samsung	British Merchant	BP Shipping	2003.3	TZ Mk. III	138 000
Samsung	SK Sunrise	SK Shipping	2003.9	TZ Mk. III	138 306
Samsung	Fuwairit	Peninsular LNG	2004.1	TZ Mk. III	138 000
Samsung	British Innovator	BP Shipping	2003.7	TZ Mk. III	138 000
Samsung	Milaha Ras Laffan	Milaha Qatar Nav.	2004.3	TZ Mk. III	138 500
Samsung	Methane Kari Elin	GasLog Logistics	2004.6	TZ Mk. III	138 200
Samsung	Lusail	Peninsular LNG	2005.5	TZ Mk. III	138 000
Samsung	Al Thakhira	Peninsular LNG	2005.9	TZ Mk. III	145 000
Samsung	Al Deebel	Peninsular LNG	2005.12	TZ Mk. III	145 000
Samsung	Seri Alam	M. I. S. C.	2005.10	TZ Mk. III	138 000
Samsung	Seri Amanah	M. I. S. C.	2006.3	TZ Mk. III	145 000
Samsung	Salalah LNG	Oman Gas/MOL	2005.12	TZ Mk. III	147 000
Samsung	Methane Rita Andrea	GasLog Logistics	2006.3	TZ Mk. III	145 000
Samsung	Methane Jane Elizabeth	GasLog Logistics	2006.6	TZ Mk. III	145 000
Samsung	Methane Lydon Volney	GasLog Logistics	2006.9	TZ Mk. III	145 000
Samsung	Milaha Qatar	Milaha Qatar Nav.	2006.4	TZ Mk. III	145 500
Samsung	LNG Borno	NYK Line	2007.8	TZ Mk. III	149 600
Samsung	LNG Ogun	NYK Line	2007.8	TZ Mk. III	149 600
Samsung	Ibra LNG	Oman Gas/MOL	2006.7	TZ Mk. III	147 000
Samsung	Methane Shirley Elizabeth	GasLog Logistics	2007.4	TZ Mk. III	145 000
Samsung	Methane Heather Sally	GasLog Logistics	2007.7	TZ Mk. III	145 000

续表

造船厂家	船名	船东	交付时间	储罐系统	舱容/m³
Samsung	Methane Alison Victoria	GasLog Logistics	2007. 8	TZ Mk. III	145 000
Samsung	Methane Nile Eagle	GasLog Logistics	2007. 12	TZ Mk. III	145 000
Samsung	Seri Anggun	M. I. S. C.	2006. 11	TZ Mk. III	145 000
Samsung	Seri Angkasa	M. I. S. C.	2007. 2	TZ Mk. III	145 000
Samsung	Seri Ayu	M. I. S. C.	2007. 10	TZ Mk. III	145 000
Samsung	Ejnan	J4 Consortium	2007. 2	TZ Mk. III	145 000
Samsung	Tembek	Overseas Shipholding	2007. 11	TZ Mk. III	216 200
Samsung	Al Hamla	Overseas Shipholding	2008. 2	TZ Mk. III	216 200
Samsung	Maersk Methane	Teekay/Marubeni	2008. 3	TZ Mk. III	165 500
Samsung	Marib Spirit	Teekay/Marubeni	2008. 5	TZ Mk. III	165 500
Samsung	Tangguh Foja	K Line	2008. 7	TZ Mk. III	155 000
Samsung	Tangguh Jaya	K Line	2008. 11	TZ Mk. III	155 000
Samsung	Arwa Spirit	Teekay/Marubeni	2008. 9	TZ Mk. III	165 500
Samsung	Magellan Spirit	Teekay/Marubeni	2008. 9	TZ Mk. III	165 500
Samsung	Woodside Donaldson	Teekay/Marubeni	2009. 10	TZ Mk. III	165 500
Samsung	Meridian Spirit	Teekay/Marubeni	2010. 1	TZ Mk. III	165 500
Samsung	Tangguh Palung	K Line	2009. 3	TZ Mk. III	155 000
Samsung	GasLog Savannah	GasLog Logistics	2010. 5	TZ Mk. III	155 000
Samsung	GasLog Singapore	GasLog Logistics	2010. 7	TZ Mk. III	155 000
Samsung	Al Huwaila	Teekay LNG	2008. 5	TZ Mk. III	217 000
Samsung	Al Kharsaah	Teekay LNG	2008. 5	TZ Mk. III	217 000
Samsung	Al Shamal	Teekay LNG	2008. 6	TZ Mk. III	217 000
Samsung	Al Khuwair	Teekay LNG	2008. 7	TZ Mk. III	217 000
Samsung	Mozah	QGTC	2008. 10	TZ Mk. III	266 000
Samsung	UmmSlal	QGTC	2008. 11	TZ Mk. III	266 000
Samsung	Bu Samra	QGTC	2008. 12	TZ Mk. III	266 000
Samsung	Aseem	K Line	2009. 11	TZ Mk. III	155 000
Samsung	GDF Suez Neptune	Hoegh LNG/MOL	2009. 12	TZ Mk. III	145 000
Samsung	GDF Suez Cape Ann	Hoegh LNG/MOL	2010. 1	TZ Mk. III	145 000
Samsung	Al Mayeda	QGTC	2009. 2	TZ Mk. III	266 000
Samsung	Mekaines	QGTC	2009. 2	TZ Mk. III	266 000
Samsung	Al Ghashamiya	QGTC	2009. 3	TZ Mk. III	216 000

造船厂家	船名	船东	交付时间	储罐系统	舱容/m³
Samsung	Al Mafyar	QGTC	2009. 3	TZ Mk. III	266 000
Samsung	Al Bahiya	QGTC	2010. 1	TZ Mk. III	216 000
Samsung	Methane Julia Louise	GasLog Logistics	2010. 3	TZ Mk. III	170 000
Samsung	Methane Patricia Camila	GasLog Logistics	2010. 10	TZ Mk. III	170 000
Samsung	Shagra	QGTC	2009. 11	TZ Mk. III	266 000
Samsung	Zarga	QGTC	2010. 3	TZ Mk. III	266 000
Samsung	Aamira	QGTC	2010. 5	TZ Mk. III	266 000
Samsung	Rasheeda	QGTC	2010. 8	TZ Mk. III	266 000
Samsung	Soyo	Mitsui/NYK/Teekay	2011. 8	TZ Mk. III	160 400
Samsung	Malanje	Mitsui/NYK/Teekay	2011. 9	TZ Mk. III	160 400
Samsung	Lobito	Mitsui/NYK/Teekay	2011. 10	TZ Mk. III	160 400
Samsung	Cubal	Mitsui/NYK/Teekay	2012. 1	TZ Mk. III	160 400
Samsung	Methane Becki Anne	GasLog Logistics	2010. 9	TZ Mk. III	170 000
Samsung	Methane Mickie Harper	GasLog Logistics	2010. 5	TZ Mk. III	170 000
Samsung	Asia Vision	Chevron	2014. 6	TZ Mk. III	160 000
Samsung	Asia Energy	Chevron	2014. 9	TZ Mk. III	160 000
Samsung	Asia Excellence	Chevron	2015. 1	TZ Mk. III	160 000
Samsung	Asia Endeavour	Chevron	2015. 4	TZ Mk. III	160 000
Samsung	GasLog Shanghai	GasLog Logistics	2013. 2	TZ Mk. III	155 000
Samsung	GasLog Santiago	GasLog Logistics	2013. 3	TZ Mk. III	155 000
Samsung	GasLog Sydney	GasLog Logistics	2013. 5	TZ Mk. III	165 000
Samsung		GasLog Logistics	2013. 7	TZ Mk. III	165 000
Samsung	Golar Seal	Golar LNG	2013. 8	TZ Mk. III	160 000
Samsung	Golar Crystal	Golar LNG	2013. 10	TZ Mk. III	160 000
Samsung	Golar Penguin	Golar LNG	2013. 12	TZ Mk. III	160 000
Samsung	Golar Eskimo	Golar LNG	2014. 4	TZ Mk. III	160 000
Samsung	Golar Celsius	Golar LNG	2013. 9	TZ Mk. III	160 000
Samsung	Golar Bear	Golar LNG	2014. 2	TZ Mk. III	160 000
Samsung	Golar Igloo	Golar LNG	2013. 10	TZ Mk. III	160 000
Samsung	GasLog Skagen	GasLog Logistics	2013. 7	TZ Mk. III	165 000
Samsung	GasLog Seattle	GasLog Logistics	2013. 12	TZ Mk. III	165 000
Samsung	GasLog Saratoga	GasLog Logistics	2014. 12	TZ Mk. III	165 000

造船厂家	船名	船东	交付时间	储罐系统	舱容/m³
Samsung	GasLog Salem	GasLog Logistics	2015. 4	TZ Mk. III	165 000
Samsung	Cool Voyager	Thenamaris	2013. 10	TZ Mk. III	160 000
Samsung	Cool Runner	Thenamaris	2014. 3	TZ Mk. III	160 000
Samsung	Golar Snow	Golar LNG	2014. 9	TZ Mk. III	160 000
Samsung	Golar Ice	Golar LNG	2014. 11	TZ Mk. III	160 000
Samsung	Cool Explorer	Thenamaris	2015. 1	TZ Mk. III	160 000
Samsung		Stena Bulk	2015	TZ Mk. III	160 000
Samsung		Stena Bulk	2015	TZ Mk. III	160 000
Samsung	Golar Frost	Golar LNG	2014. 6	TZ Mk. III	160 000
Samsung	Golar Tundra	Golar LNG	2015. 1	TZ Mk. III	160 000
Samsung		GasLog Logistics	2016. 3	TZ Mk. III	174 000
Samsung		GasLog Logistics	2016. 6	TZ Mk. III	174 000
Samsung		BW Gas	2015	TZ Mk. III	170 000
Samsung		GasLog Logistics	2016	TZ Mk. III	174 000
Samsung		GasLog Logistics	2016	TZ Mk. III	174 000
Samsung		BW Gas	2016	TZ Mk. III	170 000
Samsung		GasLog Logistics	2017	TZ Mk. III	174 000
Samsung		GasLog Logistics	2017	TZ Mk. III	174 000
Samsung		Nigeria LNG	2015	TZ Mk. III	174 000
Samsung		Nigeria LNG	2015	TZ Mk. III	174 000
Samsung		Nigeria LNG	2016	TZ Mk. III	174 000
Samsung		Nigeria LNG	2016	TZ Mk. III	174 000
Samsung		Marubeni/SK	2017. 1	TZ Mk. III	180 000
Samsung		Marubeni/SK	2017. 10	TZ Mk. III	180 000
STX Shipbuilding	Castillo diSantisteban	Elcano	2010. 8	GT NO. 96	173 600
STX Shipbuilding		Alpha Tankers	2015. 2	GT NO. 96	160 000
STX Shipbuilding	Velikiy Novgorod	SovComFlot	2014. 1	GT NO. 96	170 200
STX Shipbuilding	Pskov	SovComFlot	2014. 8	GT NO. 96	170 200
STX Shipbuilding	SCF Melampus	SovComFlot	2015. 1	GT NO. 96	170 200
STX Shipbuilding	SCF Mitre	SovComFlot	2015. 4	GT NO. 96	170 200

续表

造船厂家	船名	船东	交付时间	储罐系统	舱容/m³
挪威					
Moss Stavanger	Hilli	Golar LNG	1975. 12	Moss	126 227
Moss Stavanger	Gimi	Golar LNG	1976. 12	Moss	126 277
Moss Stavanger	LNG Khannur	Golar LNG	1977. 12	Moss	126 277
西班牙					
IZAR Puerto Real	Castillo de Villalba	Elcano	2003. 11	GT NO. 96	138 000
IZAR Puerto Real	Cadiz Knutsen	Knutsen OAS	2004. 6	GT NO. 96	138 826
IZAR Puerto Real	Madrid Spirit	Teekay LNG	2005. 1	GT NO. 96	138 000
IZARSestao	Catalunya Spirit	Teekay LNG	2003. 3	GT NO. 96	138 000
IZARSestao	Bilbao Knutsen	Knutsen OAS	2004. 1	GT NO. 96	138 000
IZARSestao	Sestao Knutsen	Knutsen OAS	2007. 11	GT NO. 96	138 000
瑞典					
Kockums	LNG Bonny	Bonny Gas Transport	1981. 12	GT NO. 88	133 000
Kockums	LNG Finima	Bonny Gas Transport	1984. 1	GT NO. 88	133 000
美国					
GD Quincy	LNG Aquarius	Hanochem Shipping	1977. 6	Moss	126 300
GD Quincy	LNG Leo	Patriot Shipping	1978. 12	Moss	126 400
GD Quincy	LNG Libra	Hoegh LNG	1979. 4	Moss	126 400
GD Quincy	LNG Edo	Bonny Gas Transport	1980. 5	Moss	126 500
GD Quincy	LNG Abuja	Bonny Gas Transport	1980. 9	Moss	126 500
Newport News	Matthew	Suez LNG Shiping	1979. 6	TZ Mk. I	126 540

附录 B　中国沿海 LNG 接收站建设和
规划状况(截至 2016 年 5 月)

接收站地点	现状	概况
北海 LNG 接收站 (广西北海铁山港)	2016.03 投产	一期设计接收能力 300 万吨/年,建设 4 座 16 万立方米的 LNG 储罐,1 个 26.6 万立方米的 LNG 运输船泊位,1 个工作船码头及相应的配套设施。二期设计接收能力达到 600 万吨/年,新建两座 16 万立方米的 LNG 储罐;远期设计接收能力达 1000 万吨/年
钦州 LNG 接收站 (广西钦州)	项目待批	设计年接收处理能力 300 万吨/年
广西 LNG 储运中心 (广西防城港)	建设中	一期设计规模为 60 万吨/年。二期规模达到 100 万吨/年。建设 2 座 2 万立方米的 LNG 储罐;对码头进行改造,其外侧 5 万吨级泊位作为 LNG 专用泊位,可停靠 1 万~8 万立方米 LNG 运输船,内侧 3000 吨级泊位保留其原有功能不变
大鹏 LNG 接收站 (广东深圳秤头角)	2006.06 投产	一期工程设计规模 370 万吨/年,建设 2 座 16 万立方米储罐。二期工程设计规模 700 万吨/年,增加 1 座储罐;接收站港址内建有可停靠 14.5 万~21.7 万立方米 LNG 运输船的专用泊位 1 个
迭福 LNG 接收站 (广东深圳大鹏湾)	建设中	一期工程设计规模为 300 万吨/年。二期扩展到 600 万吨/年。工程包括能接卸 10 万~26.5 万立方米大型 LNG 运输船的码头 1 座,同时该码头还具备接卸 0.5 万~8 万立方米小型 LNG 运输船装船;工作船码头 1 座及其他配套设施
中石油深圳 LNG 应急调峰站(广东深圳大鹏湾)	论证中	建设规模为 300 万吨/年。项目由接收站、码头两部分构成,建设 4 个 20 万立方米 LNG 储罐。码头工程包括 1 座接卸 8 万~26.7 万立方米 LNG 运输船泊位,1 座 LNG 船舶栈桥,1 座 3000 吨级工作船泊位以及港池等配套设施
深圳华安 LNG 接收站 (广东深圳大鹏湾)	建设中	建设规模为 80 万吨/年。改造原 LPG 码头,兼靠 1 万~9 万立方米 LNG 运输船
高栏 LNG 接收站 (广东珠海)	2013.10 投产	一期建设规模为 350 万吨/年。二期为 750 万吨/年,远期为 1200 万吨/年。建设 3 座 16 万立方米的 LNG 储罐,1 个 8 万~27 万立方米 LNG 运输船接卸码头和输气干线及配套设施

续表

接收站地点	现状	概况
粤东 LNG 接收站 （广东揭阳）	建设中，预计 2016 年底投产	一期建设规模为 200 万吨/年。建设 3 座 16 万立方米的 LNG 储罐，1 个靠泊 8 万~26.7 万立方米 LNG 船的泊位，1 座 1000 吨级重件泊位，以及防波堤、栈桥、取排水口等配套设施
粤西 LNG 接收站 （广东茂名）	建设中，预计 2019 年底投产	建设规模为 300 万吨/年。建设 3 座 16 万立方米 LNG 储罐，1 个靠泊能力为 8 万~26.6 万立方米（15 万吨级）的 LNG 运输船专用码头及其他配套设施
汕头 LNG 接收站 （广东汕头濠江）	核准中	一期规模为 300 万吨/年。二期规模为 600 万吨/年。工程包括液化天然气接卸码头、存储、气化、外输等设施
东莞 LNG 接收站 （广东东莞九丰）	2012.12 投产	设计最大年周转量 200 万吨 LNG，处理规模 150 万吨/年，建设有 2 座 9 万立米和 2 座 8 万立米 LNG 储罐 LNG 储罐，1 个 5 万吨级泊位（实际按 8 万吨水工结构建造）和 2 个 3 千吨级泊位及其他配套设施
海南 LNG 接收站 （海南洋浦）	2014.08 投产	建设规模为 300 万吨/年，建设有 2 座 16 万立方米的 LNG 储罐，1 座可停靠 26.7 万立方米 LNG 运输船的接卸码头，以及 1 座 3000 吨级工作船码头，其他配套的卸料、储存、转运、气化、天然气外输等设施
海南中油深南 LNG 接收站（海南澄迈马村港）	2014.11 投产	主要是 LNG 中转功能。建设 20 万立方米的 LNG 罐和配套设施（一期建设 2 座 2 万立方米 LNG 罐，二期和三期各建设 1 座 8 万立方米 LNG 罐）及可靠泊 1 万~2 万立方米 LNG 运输船的码头 1 座
澄迈 LNG 接收站 （海南澄迈桥头镇）	规划中	设计规模 1200 万吨/年，一期建设可接收 30 万立方米 LNG 运输船的多用途码头 1 座、3 座 16 万立方米全容式储罐及接收站其他配套设施
福建 LNG 接收站 （福建湄洲湾秀屿港区）	2008.05 投产	一期设计规模为 260 万吨/年。二期规模为 520 万吨/年。建设 1 个可停泊 8 万~21.5 万立方米 LNG 运输船的泊位和工作船码头，345.5 米长的栈桥等；有 2 座 16 万立方米的地面全容式混凝土 LNG 储罐、LNG 气化设施及辅助工程设施
漳州 LNG 接收站 （福建漳州兴古湾）	建设中	一期建设规模为 300 万吨/年。二期工程建设规模为 600 万吨/年。主要建设 3 座 16 万立方米 LNG 储罐，1 个 8 万~26.5 万立方米 LNG 运输船专用接卸码头，1 个双泊位工作船码头，以及相关配套设施

续表

接收站地点	现状	概况
福清 LNG 接收站 (福建福清牛头尾)	建设中	一期建设规模为 300 万吨/年,远期根据资源及市场情况进行适时扩建。主要建设 2 座 27 万立方米储罐及气化设施,预留 2 座 LNG 储罐建设用地。项目配套建设可靠泊设计船型为 8 万~26.7 万立方米的 LNG 运输船接卸码头(10 万吨级)和 1000 吨级工作船码头各 1 座及其他配套设施
宁波 LNG 接收站 (浙江宁波北仑)	2012.09 投产	一期工程设计规模为 300 万吨/年。二期工程规模 600 万吨/年。项目由接收站、专用码头及与之配套的天然气管道三部分组成。建设有 1 座可停靠 8 万~26.6 万立方米 LNG 运输船的单泊位接卸码头和 3 座 16 万立方米混凝土全容罐
温州 LNG 接收站 (浙江温州洞头小门岛)	建设中,计划 2018 年建成投产	一期工程建设规模为 300 万吨/年,远期工程建设规模为 1000 万吨/年。配套建设有 17.5 万~26.6 万立方米 LNG 运输船靠泊码头 1 座及其他配套设施
平阳 LNG 接收站 (浙江温州平阳)	规划中	一期规模 300 万吨
新奥舟山 LNG 接收站 (浙江舟山)	建设中	一期建设规模为 300 万吨/年。二期设计规模为 500 万吨/年。三期建设规模达到 1000 万吨/年。项目一期建设 8 万~26.6 万立方米 LNG 卸船泊位 1 个,0.5 万~6 万立方米 LNG 加注船装船泊位 1 个,槽车滚装船(兼工作船)泊位 2 个,16 万立方米 LNG 储罐 2 座。二期增建 16 万立方米 LNG 储罐 2 座。三期增建 16 万立方米 LNG 储罐 4 座
洋山 LNG 接收站 (上海洋山港)	2009.12 投产	一期工程建设规模 300 万吨/年。二期工程建设规模 600 万吨/年。项目由港口工程、接受站工程及输气管线工程三部分组成,主要建设 3 座 16 万立方米 LNG 储罐、3 台 LNG 卸料臂及其他相应的回收、输送、气化设施和公用配套工程。1 座 8 万~20 万立方米 LNG 运输船专用码头及重件码头配套设施等
五号沟 LNG 接收站 (上海外高桥)	2008.11 一期建成投产,二期预计 2017 年投产	一期建有 1 个 2 万立方米,2 个 5 万立方米 LNG 全容罐。二期建 2 个 10 万立方米 LNG 全容罐。建有 5 万吨级码头 1 个,可靠泊 2 万~3 万吨级小型 LNG 运输船

接收站地点	现状	概况
如东 LNG 接收站 （江苏南通洋口港）	2011.05 投产	一期设计规模为 350 万吨/年。二期规模 650 万吨/年。项目由 LNG 人工岛工程、接收站工程、码头和栈桥工程、外输管线工程等部分组成。建设有可以停靠 26.7 万立方米 LNG 运输船专用码头一座，3 座 16 万立方米，1 座 20 万立方米全容式储罐，1 台开架式海水气化器（ORV）、2 台漫没式燃烧气化器（SCV）等配套设备设施
华电赣榆 LNG 接收站 （江苏连云港）	建设中	建设规模一期 300 万吨/年。二期 600 万吨/年。工程包括 LNG 接收站工程以及配套的码头工程、输气管道工程等。建设可靠泊 26.6 万立方米 LNG 船舶的接卸码头 1 个，港池、航道按通航 17.5 万立方米 LNG 船舶疏浚，工作船码头（兼重件码头）1 个
启东广汇能源 LNG 分销转运站（江苏南通港吕四港区）	建设中	设计周转量一期规模 60 万吨/年，远期规模 115 万吨/年。建设 1 个 LNG 卸船泊位及引桥等配套水工建筑物，码头结构按 15.09 万立方米 LNG 船预留；2 个工作船泊位（码头长度 111 米）；2 个 5 万立方米 LNG 储罐、BOD 工艺区、LNG 装车区、放散火炬及配套公用工程设施
滨海 LNG 接收站 （江苏盐城滨海港）	建设中	总规模 300 万吨/年，由码头工程和接收站工程两部分组成。建设 16 万立方米 LNG 储罐 4 座，1 个可停靠 26.6 万立方米 LNG 运输船的主接卸码头同时可以兼顾艚船外运。另外新建 1 个靠泊 3000 吨杂货船码头，还包括港池、航道、锚地及辅助设施
青岛 LNG 接收站 （山东青岛董家口）	2015.01 投产	一期建设规模为 300 万吨/年。二期建设规模为 500 万吨/年，远期规模 1000 万吨/年。建设内容包括接收站、码头工程和外输管线工程三部分组成。建设 4 座 16 万立方米储罐，1 个靠泊 8 万～27 万立方米 LNG 运输船的专用码头及其他配套设施
烟台 LNG 接收站 （山东烟台西港区）	核准中	一期工程年输气量为 250 万吨/年，周转量为 300 万吨/年。项目由码头工程、接收站工程、输气管线工程组成。建设 1 个可靠泊舱容介于 8 万～26.7 万立方米的 LNG 运输船接卸泊位，3 个 16 万立方米 LNG 储罐
威海 LNG 接收站 （山东威海）	规划中	一期工程设计规模 300 万吨/年

续表

接收站地点	现状	概况
唐山 LNG 接收站 (河北唐山曹妃甸)	2013.12 投产	一期设计规模 350 万吨/年。二期规模 650 万吨/年,远期规模 1000 万吨/年。项目由接收站、码头工程和外输线工程三部分组成。建设 3 座 16 万立方米储罐,1 个靠泊 12.5 万～27 万立方米 LNG 运输船的专用码头,以及接收站取排水口工程等配套设施
天津 FSRU (天津南疆港)	2013.11 投产	采用浮式 LNG 技术,建设规模为 2 个 26.6 万立方米 LNG 运输船泊位,1 个工作船泊位,码头一期设计运量为每年 220 万吨,折合天然气为 30 亿立方米/年。二期工程建设采用常规大型陆上接收站的模式,规模不少于 600 万吨/年,折合天然气为 80 亿立方米/年
天津南港 LNG 接收站(天津大港)	2016 年 年底投产	一期规模为 300 万吨/年。二期规模为 1000 万吨/年。码头和接收站按一期规模建设,输气管道工程按二期规模建设。码头工程位于天津港大港港区,一期工程拟建 1 个 26.6 万立方米 LNG 运输船接卸码头。接收站工程主要包括 4 座 16 万立方米 LNG 储罐等
大连 LNG 接收站 (辽宁大连鲇鱼湾)	2012.10 投产	一期工程设计规模为 300 万吨/年。二期设计规模 600 万吨/年。建有 2 座 16 万立方米储罐,1 个 8.7 万～26.7 万立方米 LNG 运输船专用码头,以及其他配套设施
营口 LNG 接收站 (辽宁营口仙人岛港)	2015.11 投产	一期建设规模 300 万吨/年。总体工程包括储罐工程、码头工程及管线工程,建有 2 座 LNG 储罐,1 个 LNG 船接卸码头
宁德 LNG 接收站 (福建宁德霞浦溪)	规划中	设计规模 500 万吨/年

附录 C　　LNGC 参数特性

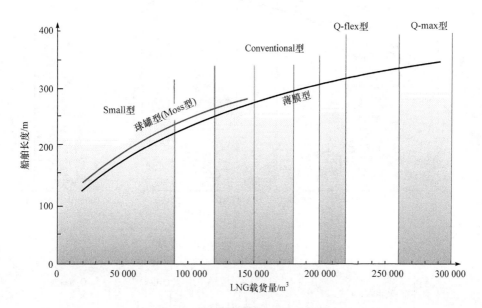

图 C.1　船舶长度随容量变化曲线

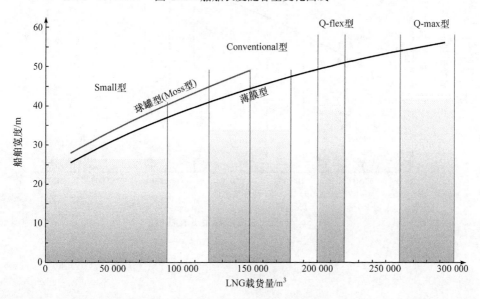

图 C.2　船舶宽度随容量变化曲线

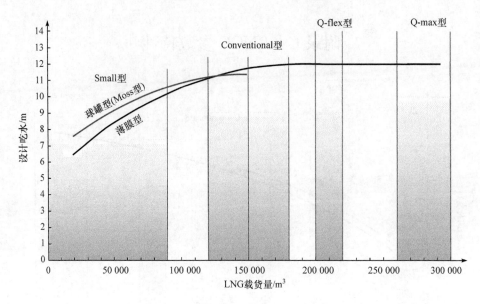

图 C.3　船舶吃水随容量变化曲线

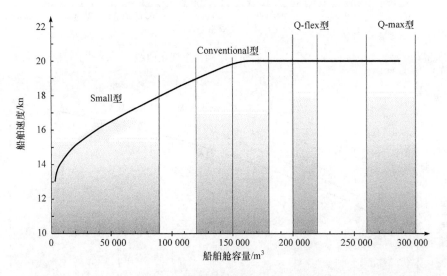

图 C.4　船舶速度随容量变化曲线

附录 D　LNGC 冲程图

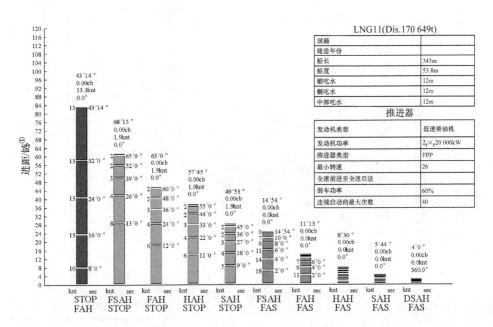

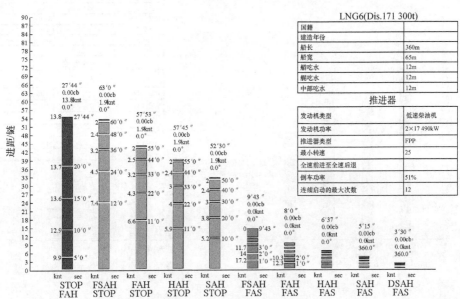

图 D. 1　Q-max 型 LNGC 冲程图

① 1 链＝0.1 海里＝185.2 米

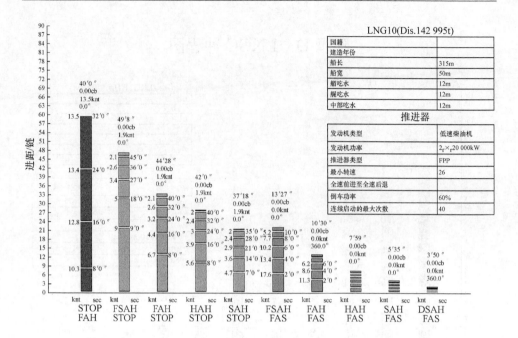

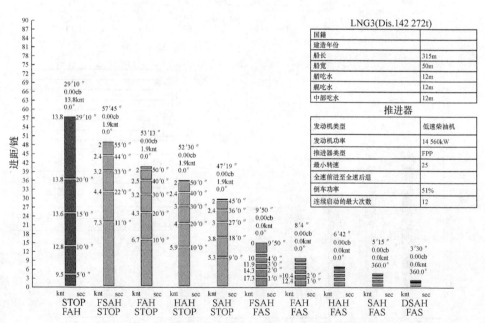

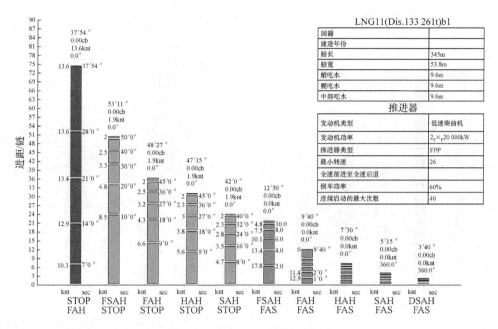

图 D. 2　Q-flex 型 LNGC 冲程图

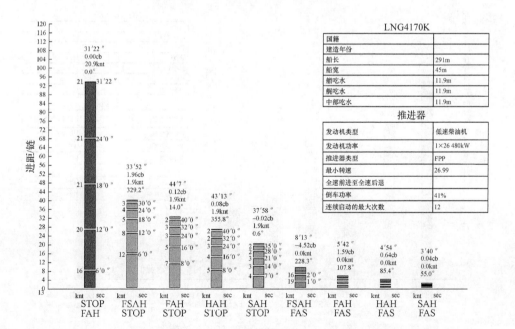

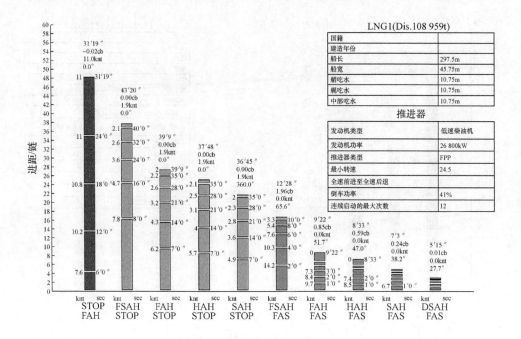

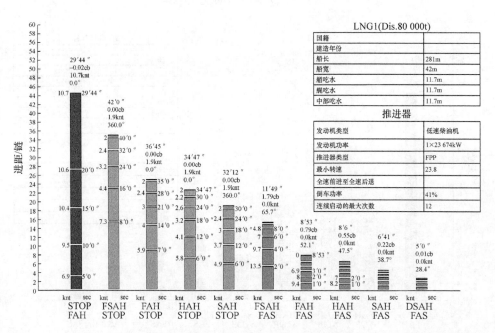

图 D.3　Conventional 型 LNGC 冲程图

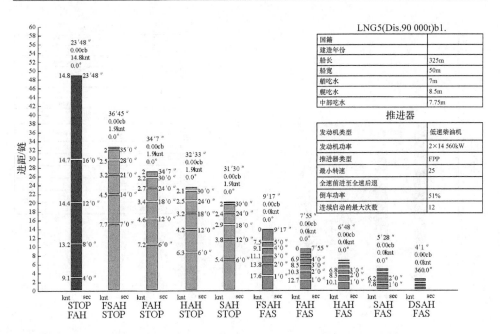

LNG5(Dis.90 000t)b1.

国籍	
建造年份	
船长	325m
船宽	50m
艏吃水	7m
艉吃水	8.5m
中部吃水	7.75m

推进器

发动机类型	低速柴油机
发动机功率	2×14 560kW
推进器类型	FPP
最小转速	25
全速前进至全速后退	
倒车功率	51%
连续启动的最大次数	12

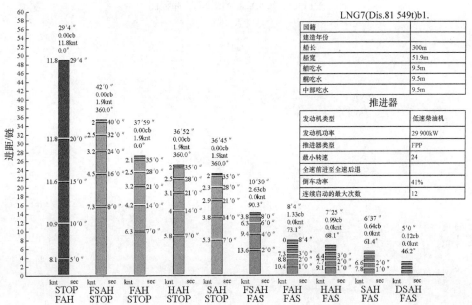

LNG7(Dis.81 549t)b1.

国籍	
建造年份	
船长	300m
船宽	51.9m
艏吃水	9.5m
艉吃水	9.5m
中部吃水	9.5m

推进器

发动机类型	低速柴油机
发动机功率	29 900kW
推进器类型	FPP
最小转速	24
全速前进至全速后退	
倒车功率	41%
连续启动的最大次数	12

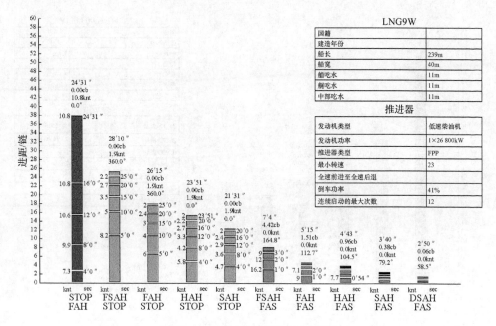

图 D. 4   SMALL 型 LNGC 冲程图

附录 E　LNGC 航行危险源

表 E.1

危险源	危险事件	事故风险	事故因素	
LNGC 碰撞	1. 拖轮（如补给船、守护船）与 LNGC 发生碰撞 2. 商船与 LNGC 发生碰撞 3. 海上储油船与 LNGC 发生碰撞 4. 海上浮动生产装置与 LNGC 发生碰撞 5. 驳船/游艇与 LNGC 发生碰撞 6. 渔船与 LNGC 发生碰撞 7. 军舰/潜艇与 LNGC 发生碰撞	货舱损坏 LNG 泄漏	人为因素	LNGC 船员：缺乏训练不适任、疲惫、疏于职守 他船船员：缺乏训练不适任、疲惫、疏于职守 LNGC 引航员：经验不足 VTS 值班人员：经验不足、不能胜任
			船舶因素	LNGC 或他船：导航设备故障、失去动力、定位系统失效、舵机故障、通信设备故障
			环境因素	自然环境恶劣：风、流、浪、能见度不良 通航状况及设施：通航密度大、航路交汇、助航设施不足、通航管理无序、沟通渠道不畅
LNGC 搁浅	1. 船舶以高速搁浅 2. 落潮搁浅 3. 大的涌浪使船舶搁浅	货舱损坏 LNG 泄漏	人为因素	LNGC 船员：缺乏训练不适任、疲惫、疏于职守 他船船员：缺乏训练不适任、疲惫、疏于职守 LNGC 引航员：经验不足、不熟悉领航水域 VTS 值班人员：经验不足、不能胜任、疲惫、忽于职守
			船舶因素	LNGC：导航设备故障、失去动力、定位系统失效、舵机故障、通信设备故障
			环境因素	自然环境恶劣：风、流、浪、能见度不良 通航状况及设施：通航密度大、航路交汇、助航设施不足、通航管理无序、沟通渠道不畅

危险源	危险事件	事故风险	事故因素	
LNGC撞击	1. LNGC撞上沉没的、半潜的或水面漂浮的物体 2. LNGC撞击码头、防波堤或其他港口结构 3. LNGC撞击停靠的船舶	撞击码头、防波堤或其他停靠的船舶很可能是低速或小角度与船艏的碰撞。一般不会导致货物系统的破损	人为因素	LNGC船员:缺乏训练不适任、疲惫、疏于职守 岸上人员:缺乏训练不适任、疲惫、疏于职守 LNGC辅助拖轮船员:缺乏训练不适任、疲惫、疏于职守 缺乏演练,人员协作能力不足
			船舶因素	LNGC:导航设备故障、失去动力、定位系统失效、舵机故障、通信设备故障 辅助拖轮:失去动力、舵机故障、通信设备故障
			环境因素	自然环境恶劣:风、流、浪、能见度不良 通航状况及设施:通航密度大、航路交汇、助航设施不足、通航管理无序、沟通渠道不畅
自然环境危害	1. 恶劣天气 2. 台风 3. 地震 4. 海啸 5. 结冰 6. 不利的潮汐或水流 7. 能见度过低	船舶结构失效、航行事故发生	人为因素	天气预报失误 准备措施不当 应急措施不当
			船舶因素	船舶设计不足

附录 F　LNGC 作业危险源

表 F.1

危险源	危险事件	事故风险	事故因素	
LNGC 停泊作业期间被他船舶碰撞	1. 拖轮(如补给船、守护船)碰撞停泊的 LNGC 2. 商船碰撞停泊的 LNGC 3. 驳船/游艇碰撞停泊的 LNGC 渔船碰撞停泊的 LNGC	货舱损坏 LNG 泄漏	人为因素	他船船员:缺乏训练不适任、疲惫、疏于职守 他船引航员:经验不足、不熟悉领航水域 VTS 值班人员:经验不足、不能胜任、疲惫、疏于职守
			船舶因素	他船:导航设备故障、失去动力、定位系统失效、舵机故障、通信设备故障
			环境因素	自然环境恶劣:风、流、浪、能见度不良 通航状况及设施:通航密度大、航路交汇、助航设施不足、通航管理无序、沟通渠道不畅
LNG 卸货过程中泄漏	船舶突然脱离停泊位置,造成卸货臂损坏	船体及结构由于脆性断裂的损坏,对暴露于 LNG 的人员造成冻伤	人为因素	操作员:操作失误
			船舶因素	LNGC 锚泊系统故障 卸货臂与船舶卸货主管应急脱离
			环境因素	自然环境恶劣:大风、大浪、潮流作用
结构失效	1. 货舱过载(船舶超载或配载不当等造成的) 2. 锚链损坏 3. 船舶结构疲劳	船舶结构受到损害、船舶失控	人为因素	操作员:缺乏训练不适任、疲惫、疏于职守
			船舶因素	船舶结构长期性损伤
			环境因素	自然环境恶劣:大风、大浪、潮流作用
自然环境危害	1. 恶劣天气 2. 台风 3. 地震 4. 海啸 5. 结冰 6. 不利的潮汐或水流 7. 能见度过低	船舶结构失效、航行事故发生	人为因素	天气预报失误 准备措施不当 应急措施不当
			船舶因素	船舶设计不足

附录 G　LNGC 锚泊危险源

表 G.1

危险源	危险事件	事故风险	事故因素	
LNGC 锚泊期间走锚	1. 与过往船舶碰撞 2. 搁浅 3. 与其他水工设施碰撞	LNG 在锚泊水域与他船碰撞,发生 LNG 泄漏	人为因素	他船船员:缺乏训练不适任、疲惫、疏于职守 他船引航员:经验不足、不熟悉领航水域 VTS 值班人员:经验不足、不能胜任、疲惫、疏于职守
			船舶因素	导航设备故障、锚链断裂、通信设备故障、锚爪没有抓牢
			环境因素	自然环境恶劣:风、流、浪、能见度不良 通航状况及设施:通航密度大、航路交汇、助航设施不足、通航管理无序、沟通渠道不畅
LNGC 锚泊期间被他船舶碰撞	1. 单船 2. 船队	货舱损坏 LNG 泄漏	人为因素	他船船员:缺乏训练不适任、疲惫、疏于职守 他船引航员:经验不足、不熟悉领航水域 VTS 值班人员:经验不足、不能胜任、疲惫、疏于职守
			船舶因素	他船:导航设备故障、定位系统失效、通信设备故障
			环境因素	自然环境恶劣:风、流、浪、能见度不良 通航状况及设施:通航密度大、航路交汇、助航设施不足、通航管理无序、沟通渠道不畅
自然环境危害	1. 恶劣天气 2. 地震 3. 结冰 4. 不利的潮汐或水流 5. 能见度过低	船舶结构失效、航行事故发生	人为因素	天气预报失误 准备措施不当 应急措施不当
			船舶因素	船舶设计不足

附录 H　LNGC 航行过程风险估计

表 H.1

危险源	危险事件	概率	后果	风险
LNGC 碰撞	拖轮(如补给船、守护船)与 LNGC 发生碰撞	1	1	2
	商船与 LNGC 发生碰撞	2	3	5
	海上储油船与 LNGC 发生碰撞	1	3	4
	海上浮动生产装置与 LNGC 发生碰撞	1	3	4
	驳船与 LNGC 发生碰撞	1	2	3
	渔船与 LNGC 发生碰撞	2	1	3
	军舰/潜艇与 LNGC 发生碰撞	1	3	4
LNGC 搁浅	船舶以高速搁浅	2	3	5
	落潮搁浅	1	2	3
	大的涌浪使船舶搁浅	1	3	4
LNGC 撞击	LNGC 撞上沉没的、半潜的或水面漂浮的物体	1	1	2
	与码头、防波堤或其他港口结构	1	1	2
	与停靠的船舶	1	1	2
自然环境危害	恶劣天气	1	3	4
	台风	1	3	4
	地震	1	3	4
	海啸	1	3	4
	结冰	1	1	2
	不利的潮汐或水流	2	1	3
	能见度过低	2	2	4

附录Ⅰ　LNGC 作业过程风险估计

表Ⅰ.1

危险源	危险事件	概率	后果	风险
LNGC 停泊期间被他船撞击	拖轮（如补给船、守护船）碰撞停泊的 LNGC	1	1	2
	商船碰撞停泊的 LNGC	2	3	5
	驳船碰撞停泊的 LNGC	1	1	1
	渔船碰撞停泊的 LNGC	2	1	3
LNGC 装卸货过程中泄漏	船舶突然脱离停泊位置，造成卸货臂损坏	1	1	2
结构失效	货舱过载（船舶超载或配载不当等造成的）	1	3	4
	锚链损坏	1	1	2
	船舶结构疲劳	1	1	2
自然环境危害	恶劣天气	1	3	4
	台风	1	3	4
	地震	1	3	4
	海啸	1	3	4
	结冰	1	1	2
	不利的潮汐或水流	2	1	3
	能见度过低	2	2	4

附录 J　LNGC 锚泊过程风险估计

表 J.1

危险源	危险事件	概率	后果	风险
LNGC 走锚	货船	2	3	5
	小型船舶	1	1	2
	导航助航标	1	1	2
	搁浅	1	1	2
LNGC 停泊期间被他船撞击	单船	2	3	5
	船队	3	3	6
自然环境危害	恶劣天气	1	3	4
	地震	1	3	4
	结冰	1	1	2
	不利的潮汐或水流	2	1	3
	能见度过低	2	2	4

附录 K　LNGC移动安全区宽度

表 K.1　基于事故可接受概率的 LNGC 安全区宽度 Lp(100 艘次/天)

分布方差	LNGC 容量/万 m³	过往船大小/万 DWT									
		0.2	0.3	0.5	1.0	1.5	2.0	3.5	5.0	7.0	10.0
Var=50	1.8	50	60	60	60	60	60	60	60	70	70
	8	60	60	60	60	60	60	70	70	70	70
	15	60	70	70	70	70	70	70	70	80	80
	21	70	70	70	70	70	70	70	80	80	80
	26	70	70	70	70	70	70	80	80	80	80
Var=100	1.8	80	80	90	90	90	90	90	90	100	100
	8	90	90	90	90	90	90	100	100	100	100
	15	90	90	100	100	100	100	100	100	110	110
	21	100	100	100	100	100	100	100	100	110	110
	26	100	100	100	100	100	100	100	110	110	110
Var=150	1.8	110	110	110	120	120	120	120	120	130	130
	8	120	120	120	120	120	120	120	130	130	130
	15	120	120	120	130	130	130	130	130	140	140
	21	120	130	130	130	130	130	130	140	140	140
	26	130	130	130	130	130	130	140	140	140	140
Var=200	1.8	130	140	140	140	140	140	150	150	160	160
	8	140	140	150	150	150	150	160	150	160	160
	15	150	150	150	150	160	160	160	160	160	170
	21	160	150	160	160	160	160	160	160	170	170
	26	160	160	160	160	160	160	160	170	170	170
Var=250	1.8	140	150	150	150	160	160	170	180	180	180
	8	160	160	170	170	170	170	180	180	190	190
	15	170	170	180	180	180	190	180	190	190	190
	21	180	180	190	180	190	190	190	190	200	200
	26	180	180	180	190	190	190	190	190	200	200

分布方差	LNGC 容量/万 m³	过往船大小/万 DWT									
		0.2	0.3	0.5	1.0	1.5	2.0	3.5	5.0	7.0	10.0
Var=300	1.8	130	150	160	160	170	170	180	180	200	210
	8	170	170	180	180	190	190	200	200	210	210
	15	190	190	200	200	200	210	210	220	220	220
	21	200	200	200	210	210	210	210	220	220	230
	26	200	210	200	210	210	220	220	220	230	230
Var=350	1.8	140	150	160	160	170	180	200	200	220	220
	8	170	190	190	190	200	210	220	220	240	240
	15	200	210	210	220	220	220	230	230	240	240
	21	200	220	220	220	230	230	240	240	240	250
	26	220	220	220	220	230	230	240	240	260	250
Var=400	1.8	130	140	140	170	160	190	200	200	230	230
	8	160	180	200	200	210	210	220	230	250	250
	15	210	210	220	220	230	230	250	250	270	260
	21	210	220	240	230	250	240	240	260	270	280
	26	230	240	240	230	250	250	260	260	280	280
Var=450	1.8	100	70	120	150	150	170	200	210	240	250
	8	160	170	180	200	210	200	230	240	270	260
	15	210	230	230	230	230	250	250	260	290	290
	21	220	240	250	240	250	250	270	270	280	290
	26	230	240	250	250	270	250	280	270	290	290
Var=500	1.8	60	70	100	120	150	120	180	200	240	240
	8	130	150	170	190	210	200	220	230	270	280
	15	200	210	230	230	240	240	260	270	300	290
	21	220	240	240	250	250	260	270	290	300	310
	26	240	250	260	260	260	270	280	300	310	310

表 K.2　基于事故可接受概率的 LNGC 安全区宽度 Lp（10 万吨级他船）

分布方差	LNGC 容量/万 m³	过往船流量/（艘次/天）									
		50	100	150	200	250	300	350	400	450	500
Var=50	1.8	60	70	70	80	80	80	80	80	80	80
	8	70	70	80	80	80	80	80	80	80	80
	15	70	80	80	80	90	90	90	90	90	90
	21	70	80	90	90	90	90	90	90	90	90
	26	80	80	90	90	90	90	90	90	90	90
Var=100	1.8	80	100	110	110	110	110	120	120	120	120
	8	90	100	110	110	120	120	120	120	120	120
	15	90	110	110	120	120	120	130	130	130	130
	21	100	110	120	120	120	130	130	130	130	130
	26	100	110	120	120	120	130	130	130	130	130
Var=150	1.8	110	130	140	140	150	150	150	160	160	160
	8	110	130	140	150	150	160	160	160	160	160
	15	120	140	150	160	160	160	160	170	170	170
	21	120	140	150	160	170	170	170	170	170	170
	26	120	140	150	160	160	170	170	170	170	170
Var=200	1.8	120	160	170	180	190	190	190	200	200	200
	8	130	160	180	180	190	190	200	200	200	200
	15	140	170	180	190	200	200	200	200	210	210
	21	140	170	180	190	200	200	200	210	210	210
	26	140	180	190	190	200	200	210	210	210	210
Var=250	1.8	140	190	210	220	220	230	230	230	240	240
	8	140	190	210	220	230	230	240	240	240	240
	15	160	200	220	230	230	240	240	240	250	250
	21	160	200	220	230	240	240	240	250	250	250
	26	160	200	220	230	240	240	240	250	250	250
Var=300	1.8	130	210	240	250	260	260	270	270	280	280
	8	150	220	240	260	260	270	270	280	280	280
	15	160	230	250	260	270	270	280	280	290	290
	21	180	230	250	260	270	280	280	290	290	290
	26	170	230	250	260	270	280	280	290	290	290

续表

分布方差	LNGC 容量/万 m³	过往船流量/(艘次/天)									
		50	100	150	200	250	300	350	400	450	500
Var=350	1.8	110	230	260	280	290	300	310	310	320	320
	8	140	240	270	290	300	310	310	320	320	320
	15	170	250	280	290	310	310	320	320	330	330
	21	180	250	290	300	310	310	320	320	330	330
	26	180	260	290	300	310	320	320	330	330	330
Var=400	1.8	80	240	290	310	330	330	340	350	360	360
	8	130	250	300	320	340	340	350	360	360	360
	15	160	270	310	330	340	350	360	360	360	370
	21	170	280	310	330	340	350	360	370	370	370
	26	190	280	320	340	340	350	360	360	370	370
Var=450	1.8	30	260	320	340	360	370	380	390	390	400
	8	120	280	320	360	370	380	390	390	400	400
	15	140	290	340	370	370	390	390	400	400	410
	21	160	300	340	360	380	390	390	400	410	410
	26	170	310	350	370	380	390	400	400	410	410
Var=500	1.8	—	260	330	360	390	400	420	430	430	430
	8	50	290	340	380	400	410	420	430	440	440
	15	140	310	360	390	410	420	430	430	440	450
	21	150	320	370	400	420	430	440	440	450	450
	26	160	320	380	400	420	420	440	440	450	450

表 K. 3　基于风险可接受标准的 LNG 运输船安全区宽度 Lr(160°碰撞)

过往船舶速度/kn	LNGC 容量/万 m³	过往船大小/万 DWT									
		0.2	0.3	0.5	1.0	1.5	2.0	3.5	5.0	7.0	10.0
6	1.8	—	—	—	—	—	—	—	—	—	—
	8	—	—	—	—	—	—	—	—	—	—
	15	—	—	—	—	—	—	—	—	230	250
	21	—	—	—	—	—	—	—	—	260	280
	26	—	—	—	—	—	—	—	—	280	300

续表

过往船舶速度/kn	LNGC 容量/万 m³	过往船大小/万 DWT									
		0.2	0.3	0.5	1.0	1.5	2.0	3.5	5.0	7.0	10.0
8	1.8	—	—	—	—	—	—	—	—	—	280
	8	—	—	—	—	—	—	—	220	270	290
	15	—	—	—	—	—	—	220	290	350	370
	21	—	—	—	—	—	—	240	310	380	400
	26	—	—	—	—	—	—	250	320	400	430
10	1.8	—	—	—	—	—	—	—	200	300	400
	8	—	—	—	—	—	—	270	320	380	400
	15	—	—	—	—	—	220	320	390	470	490
	21	—	—	—	—	—	240	340	420	500	520
	26	—	—	—	—	—	240	350	430	520	550
12	1.8	—	—	—	—	—	—	—	300	400	510
	8	—	—	—	—	220	270	350	410	480	500
	15	—	—	—	—	250	310	410	490	570	600
	21	—	—	—	—	260	320	430	510	610	640
	26	—	—	—	—	270	330	440	530	640	670

表 K. 4　安全区宽度(150°碰撞 500 艘次/年 , Var＝250)

过往船舶速度/kn	LNGC 容量/万 m³	过往船大小/万 DWT									
		0.2	0.3	0.5	1.0	1.5	2.0	3.5	5.0	7.0	10.0
6	1.8	—	—	—	—	—	—	—	—	—	—
	8	—	—	—	—	—	—	250	310	370	390
	15	—	—	—	—	—	—	310	370	450	470
	21	—	—	—	—	—	220	320	400	480	510
	26	—	—	—	—	—	220	330	410	500	530
8	1.8	—	—	—	—	—	—	—	—	—	—
	8	—	—	—	—	240	290	380	450	520	550
	15	—	—	—	—	270	330	440	520	620	650
	21	—	—	—	—	280	340	460	550	660	690
	26	—	—	—	220	290	350	470	560	680	710

续表

过往船舶速度/kn	LNGC 容量/万 m³	过往船大小/万 DWT									
		0.2	0.3	0.5	1.0	1.5	2.0	3.5	5.0	7.0	10.0
10	1.8	—	—	—	—	230	280	—	—	—	—
	8	—	—	—	280	340	390	500	580	670	700
	15	—	—	—	310	370	440	560	660	780	820
	21	—	—	—	310	380	450	580	690	830	870
	26	—	—	—	320	390	460	600	710	860	900
12	1.8	—	—	270	320	370	500	—	—	—	—
	8	—	—	260	360	430	490	610	710	810	850
	15	—	—	280	390	470	540	680	800	940	990
	21	—	—	290	400	480	550	710	840	1000	1050
	26	—	—	290	400	490	560	730	860	1030	1080

表 K.5　基于风险可接受标准的 LNG 运输船安全区宽度 Lr(110°碰撞)

过往船舶速度/kn	LNGC 容量/万 m³	过往船大小/万 DWT									
		0.2	0.3	0.5	1.0	1.5	2.0	3.5	5.0	7.0	10.0
6	1.8	—	300	380	440	480	500	550	590	620	630
	8	—	340	430	500	540	580	650	700	750	760
	15	—	340	430	510	560	600	680	740	810	820
	21	—	350	440	510	560	610	690	750	830	850
	26	—	350	440	520	570	610	700	760	840	860
8	1.8	310	400	470	530	560	590	640	680	720	740
	8	330	430	510	580	630	670	750	800	860	880
	15	340	430	520	590	650	690	780	850	920	940
	21	340	430	520	600	650	700	790	860	940	970
	26	340	430	520	600	650	700	800	870	960	980
10	1.8	390	470	540	600	630	670	720	770	800	820
	8	400	490	580	650	710	750	830	890	960	980
	15	410	500	590	670	720	770	870	940	1020	1050
	21	410	500	590	670	730	780	880	960	1050	1070
	26	410	500	590	670	730	780	890	970	1060	1090
12	1.8	440	520	600	660	700	730	790	840	880	910
	8	460	550	640	720	780	820	910	980	1050	1070
	15	470	560	650	740	800	850	950	1030	1120	1140
	21	470	560	650	740	800	860	970	1050	1150	1170
	26	470	560	650	740	800	860	970	1060	1160	1190

附录 L　LNGC 移动安全区长度

L.1　船舶冲程

表 L.1　过往船舶停车冲程

过往船舶吨位/ 万 t	满载排水量/t	C /min	S/m			
			6kn	8kn	10kn	12kn
0.2	4183	3	796	1074	1333	1600
0.3	6932	3	796	1074	1333	1600
0.5	11 351	4	1074	1426	1778	2134
1	17 643	5	1333	1778	2222	2667
1.5	23 546	6	1593	2130	2667	3200
2	30 135	7	1871	2482	3111	3734
3.5	48 518	9	2408	3204	4000	4800
5	69 148	11	2926	3908	4889	5867
7	104 413	14	3741	4982	6223	7467
10	116 906	15	4000	5334	6667	8001

表 L.2　过往船舶倒车冲程

过往船舶吨位/ 万 t	船舶吨级 /DWT	满载排水量 /t	倒车功率 /kW	S/m			
				6kn	8kn	10kn	12kn
1	10 000 (7501~12 500)	17 643	3780	238	424	662	953
1.5	15 000 (12 501~17 500)	23 546	3310	363	645	1009	1452
2	20 000 (17 501~22 500)	30 135	4041	381	677	1057	1522
3.5	35 000 (22 501~45 000)	48 518	4567	542	964	1506	2169
5	50 000 (45 001~65 000)	69 148	5421	651	1157	1809	2604
7	70 000 (65 001~85 000)	104 413	5005	1065	1893	2958	4259
10	100 000 (85 001~115 000)	116 906	4751	1256	2233	3489	5024

L. 2　移动安全区长度

表 L. 3　LNGC 后方安全区长度

水域限速/kn	LNG 船舶载货容积/万 m³	过往船舶吨位/万 t						
		1	1.5	2	3.5	5	7	10
8	8	497	497	497	720	913	1649	1989
	15	747	747	747	747	747	1270	1610
	21	997	997	997	997	997	1501	1841
	26	1247	1247	1247	1247	1247	1881	2221
10	8	559	705	753	1202	1505	2654	3185
	15	809	809	809	809	1009	2158	2689
	21	1059	1059	1059	1059	1059	1756	2287
	26	1309	1309	1309	1309	1309	2246	2777

表 L. 4　LNGC 前方安全区长度

水域限速/kn	LNG 船舶载货容积/万 m³	过往船舶吨位/万 t						
		1	1.5	2	3.5	5	7	10
8	8	814	593	561	497	497	497	497
	15	1693	1472	1440	1153	960	747	747
	21	1962	1741	1709	1422	1229	997	997
	26	2082	1861	1829	1542	1349	1247	1247
10	8	760	559	559	559	559	559	559
	15	1756	1409	1361	912	809	809	809
	21	2658	2311	2263	1814	1511	1059	1059
	26	2668	2321	2273	1824	1521	1309	1309

附录 M　LNGC 停泊安全区宽度计算

M.1　碰撞概率

　　LNGC 停泊风险的计算方法与航行风险的计算方法类似，只有概率的计算方法有所不同。在其他条件一定的情况下，碰撞概率随着他船与 LNGC 距离（L）的增大而减小。LNGC 碰撞事故可接受概率为 $1.0 \times 10^{-4} a^{-1}$ 艘次，则在计算出不同距离上碰撞概率后，判断碰撞概率小于可接受概率的距离，作为确定 LNGC 移动安全区的一个参考值。

　　停泊的 LNGC 被过往的散货船碰撞的概率与船舶的速度无关，随散货船在航道中分布方差的变化较大，方差越大，碰撞概率随着他船值 LNGC 距离减小的越慢（图 M.1）。

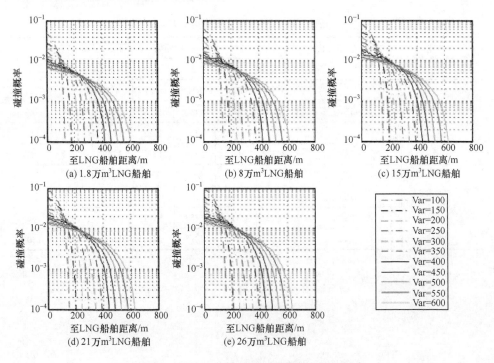

图 M.1　LNGC 停泊时被过往船舶碰撞的概率

M. 2　个人风险

不同类型的散货船分别以 6kn、8kn、10kn 和 12kn 的速度 20°撞击停泊 LNGC 的个人风险计算的结果如图 M. 2～图 M. 5 所示。

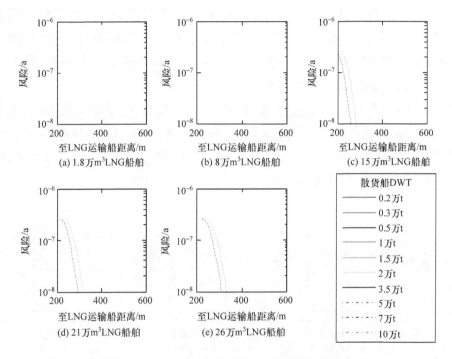

图 M. 2　6kn 他船与碰撞停泊 LNG 运输船的风险

可以看出，在上述实验条件下，暴露目标在距停泊的 LNGC 600m 范围内的风险值由 $2×10^{-7}$ 左右迅速下降到 $1×10^{-8}$ 以下。在 LNGC 和 LNGC 附近水域船舶的大小及速度一定时，暴露目标的风险在距 LNGC 一定范围为定值，这一定值也就是风险最大值，超过某一距离后会迅速下降。LNGC 的大小和 LNGC 附近水域船舶的大小及速度对风险值在距 LNGC 周围的分布都有影响：船舶越大、船速越快风险最大值在 LNGC 周围持续的范围越远；在船舶速度较小和（或）船舶速度较低时，图中没有显示相关条件下的风险值，是因为碰撞事故产生的能量不足以使 LNGC 破损，LNG 没有泄漏，而图中的风险值针对的是 LNG 泄漏的火灾危险，在泄漏不存在的情况下，这一风险值无法计算。

  LNGC 停泊水域附近的船舶大小对风险值的分布有较大影响,若 LNGC 附近水域的船舶小于 1 万吨级,在上述实验条件下不会由于附近水域船舶碰撞导致停泊的 LNGC 泄漏,引发池火风险;对于 1.8 万 m^3 的 LNGC,在实验条件下,附近水域船舶若在 2 万吨级以下,都不会有碰撞造成 LNG 泄漏的风险。在这种情况下,无法计算出基于火灾风险的 LNGC 停泊安全区的宽度,之前计算的基于碰撞概率的 LNGC 停泊安全区宽度就可以作为很好的补充。

  LNGC 停泊水域附近的船舶速度对风险值的分布有影响也很显著,在上述实验条件下,附近水域船舶速度为 6kn 时,只有船舶吨位大于 7 万吨级才会给停泊的 LNGC 带来 LNG 泄漏及火灾风险,而且风险值在距 LNGC 400m 范围内就下降到 1×10^{-8} 以下。

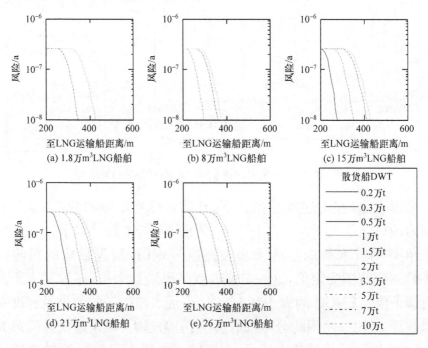

图 M.3   8kn 他船与碰撞停泊 LNG 运输船的风险

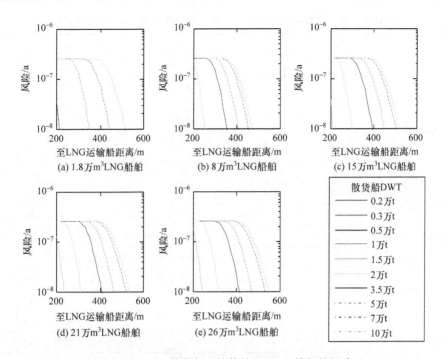

图 M. 4　10kn 他船与碰撞停泊 LNG 运输船的风险

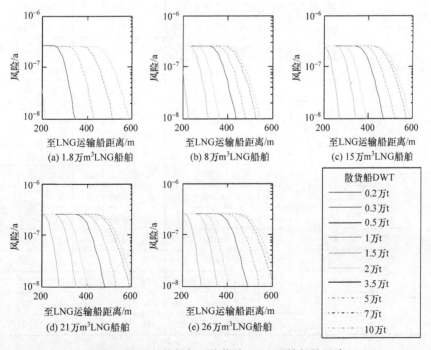

图 M. 5　12kn 他船与碰撞停泊 LNG 运输船的风险

表 M.1　基于事故可接受概率的 LNGC 安全区宽度 Lp(100 艘次/天)

分布方差	LNGC 容量/万 m³	过往船大小/万 DWT									
		0.2	0.3	0.5	1.0	1.5	2.0	3.5	5.0	7.0	10.0
Var=50	1.8	90	90	90	90	90	90	90	90	100	100
	8	90	100	100	100	100	100	100	100	110	110
	15	100	110	110	110	110	110	110	110	120	120
	21	110	110	110	110	110	110	120	120	120	120
	26	110	110	110	120	120	120	120	120	130	130
Var=100	1.8	130	130	130	140	140	140	140	140	150	150
	8	140	140	140	140	150	150	150	150	160	160
	15	150	150	150	150	160	160	160	160	170	170
	21	160	160	160	160	160	160	160	170	170	170
	26	160	160	160	160	160	170	170	170	170	170
Var=150	1.8	180	180	180	180	180	180	190	190	190	190
	8	190	190	190	190	190	190	200	200	200	200
	15	200	200	200	200	200	200	210	210	210	210
	21	200	200	210	210	210	210	210	210	220	220
	26	210	210	210	210	210	210	210	220	220	220
Var=200	1.8	230	230	230	230	230	230	230	240	240	240
	8	230	240	240	240	240	240	240	240	250	250
	15	250	250	250	250	250	250	250	250	260	260
	21	250	250	250	250	250	260	260	260	260	260
	26	250	250	250	260	260	260	260	260	270	270
Var=250	1.8	270	270	270	280	280	280	280	280	290	290
	8	280	280	290	290	290	290	290	290	300	300
	15	290	290	290	300	300	300	300	300	310	310
	21	300	300	300	300	300	300	310	310	310	310
	26	300	300	300	310	310	310	310	310	310	320
Var=300	1.8	320	320	320	320	320	330	330	330	330	330
	8	330	330	330	330	330	340	340	340	340	340
	15	340	340	340	340	350	340	350	350	350	350
	21	340	350	350	350	350	350	350	350	360	360
	26	350	350	350	350	350	350	360	360	360	360

续表

分布方差	LNGC 容量/万 m³	过往船大小/万 DWT									
		0.2	0.3	0.5	1.0	1.5	2.0	3.5	5.0	7.0	10.0
Var=350	1.8	370	370	370	370	370	370	380	380	380	380
	8	370	380	380	380	380	380	390	390	390	390
	15	390	390	390	390	390	390	390	400	400	400
	21	390	390	390	400	400	400	400	400	410	410
	26	390	390	400	400	400	400	400	400	410	410
Var=400	1.8	420	420	410	420	420	420	420	420	430	430
	8	420	420	430	430	430	430	430	430	440	440
	15	430	430	440	440	440	440	440	440	450	450
	21	440	440	440	440	440	440	450	450	450	450
	26	440	440	440	440	450	450	450	450	460	450
Var=450	1.8	460	460	460	460	470	470	470	470	480	480
	8	470	470	470	470	470	480	480	480	480	480
	15	480	480	480	480	480	490	490	490	500	490
	21	490	490	490	490	490	490	490	500	500	500
	26	490	490	490	490	490	490	500	500	500	500
Var=500	1.8	510	510	510	510	510	510	520	520	520	520
	8	520	520	520	520	520	520	520	530	530	530
	15	530	530	530	530	530	530	530	540	540	540
	21	530	530	530	540	540	540	540	540	550	550
	26	540	540	540	540	540	540	540	550	550	550

表 M.2　基于事故可接受概率的 LNGC 安全区宽度 Lp(10 万吨级他船)

分布方差	LNGC 容量/万 m³	过往船流量/(艘次/天)									
		50	100	150	200	250	300	350	400	450	500
Var=50	1.8	100	100	100	100	100	100	100	100	100	100
	8	110	110	110	110	110	110	110	110	110	110
	15	120	120	120	120	120	120	120	120	120	120
	21	120	120	120	120	120	120	120	120	120	130
	26	130	130	130	130	130	130	130	130	130	130
Var=100	1.8	140	150	150	150	150	150	150	150	150	150
	8	150	160	160	160	160	160	160	160	160	160
	15	160	170	170	170	170	170	170	170	170	170
	21	170	170	170	170	170	170	170	170	170	170
	26	170	170	170	170	180	180	180	180	180	180

分布方差	LNGC 容量/万 m³	过往船流量/(艘次/天)									
		50	100	150	200	250	300	350	400	450	500
Var=150	1.8	190	190	190	200	200	200	200	200	200	200
	8	200	200	200	200	210	210	210	210	210	210
	15	210	210	210	210	220	220	220	220	220	220
	21	210	220	220	220	220	220	220	220	220	220
	26	220	220	220	220	220	220	220	220	220	220
Var=200	1.8	240	240	240	240	240	250	250	250	250	250
	8	250	250	250	250	250	250	250	250	250	250
	15	260	260	260	260	260	260	270	270	270	270
	21	260	260	270	270	270	270	270	270	270	270
	26	260	270	270	270	270	270	270	270	270	270
Var=250	1.8	280	290	290	290	290	290	290	290	300	300
	8	290	300	300	300	300	300	300	300	300	310
	15	300	310	310	310	310	310	310	310	310	310
	21	310	310	310	320	320	320	320	320	320	320
	26	310	320	320	320	320	320	320	320	320	320
Var=300	1.8	330	330	340	340	340	340	340	340	340	340
	8	340	340	350	350	350	350	350	350	350	350
	15	350	350	360	360	360	360	360	360	360	360
	21	350	360	360	360	360	360	370	370	370	370
	26	360	360	360	370	370	370	370	370	370	370
Var=350	1.8	380	380	380	390	390	390	390	390	390	390
	8	380	390	390	400	400	400	400	400	400	400
	15	390	400	410	410	410	410	410	410	410	410
	21	400	410	410	410	410	410	410	410	410	410
	26	400	410	410	410	420	420	420	420	420	420
Var=400	1.8	420	430	430	430	440	440	440	440	440	440
	8	430	440	440	450	450	450	450	450	450	450
	15	440	450	450	450	450	460	460	460	460	460
	21	450	450	460	460	460	460	460	460	460	460
	26	450	450	460	460	460	460	460	470	470	470

续表

分布方差	LNGC 容量/万 m³	过往船流量/(艘次/天)									
		50	100	150	200	250	300	350	400	450	500
Var=450	1.8	470	480	480	480	480	490	490	490	490	490
	8	480	480	490	490	490	490	490	500	500	500
	15	490	490	500	500	500	500	500	500	500	500
	21	490	500	500	510	510	510	510	510	510	510
	26	490	500	500	510	510	510	510	510	510	520
Var=500	1.8	510	520	530	530	530	530	530	530	540	540
	8	520	530	540	540	540	540	540	540	540	550
	15	530	540	550	550	550	550	550	560	560	560
	21	540	550	550	550	560	560	560	560	560	560
	26	540	550	560	560	560	560	560	560	560	570

表 M.3　基于风险可接受标准的 LNG 运输船停泊安全区宽度

LNG 运输船 容量/万 m³	散货船速度/kn	散货船大小/万 DWT									
		0.2	0.3	0.5	1.0	1.5	2.0	3.5	5.0	7.0	10.0
1.8	6	—	—	—	—	—	—	—	—	—	—
	8	—	—	—	—	—	—	—	200	310	380
	10	—	—	—	—	—	200	310	390	460	
	12	—	—	—	—	—	200	310	380	460	520
8	6	—	—	—	—	—	—	—	—	—	—
	8	—	—	—	—	—	—	200	260	320	340
	10	—	—	—	—	—	230	320	360	400	420
	12	—	—	—	200	280	320	390	430	470	480
15	6	—	—	—	—	—	—	—	—	230	260
	8	—	—	—	—	—	—	250	310	370	380
	10	—	—	—	—	200	270	350	400	450	460
	12	—	—	—	240	310	350	420	460	510	520
21	6	—	—	—	—	—	—	—	—	260	280
	8	—	—	—	—	—	—	260	330	380	400
	10	—	—	—	—	210	280	360	410	460	470
	12	—	—	—	250	310	360	430	470	530	540
26	6	—	—	—	—	—	—	—	200	280	300
	8	—	—	—	—	—	—	270	340	390	410
	10	—	—	—	—	220	290	370	420	470	490
	12	—	—	—	250	320	360	430	480	540	550

表 M.4　LNGC 停泊安全区宽度

过往船舶流量/(艘次/年)	过往船舶速度/kn	LNGC载货容量/万 m³	过往船舶在航道中分布的状况集中程度 N(E,Var)	散货船大小/万 DWT			
				≤2.0	3.5	5	7.0~10.0
50~500	8	1.8~8	Var=50	100~130	100~200	200~260	310~340
			Var=100	150~180	150~200	200~260	310~340
			Var=150	200~220	200~260	200~260	310~340
			Var=200	250~270	250~270	250~270	310~340
			Var=250	300~340	300~340	300~340	310~340
		15~26	Var=50	100~130	250~270	310~340	370~410
			Var=100	150~180	250~270	310~340	370~410
			Var=150	200~220	250~270	310~340	370~410
			Var=200	250~270	250~270	250~270	370~410
			Var=250	300~340	300~340	300~340	370~410
		1.8~26	Var=300	340~370	340~370	340~370	370~410
			Var=350	390~420	390~420	390~420	390~420
	10	1.8	Var=50	100	200	310	390~420
			Var=100	150	200	310	390~420
			Var=150	200	200	310	390~420
			Var=200	250	250	310	390~420
			Var=250	300	300	310	390~420
		8	Var≤200	230~250	320	360	390~420
			Var=250	300~320	300~320	360	390~420
		1.8~8	Var=300	340~360	340~360	340~360	390~420
			Var=350	390~420	390~420	390~420	390~420
		15~26	Var≤250	270~320	350~370	400~420	450~490
			Var=300	360~370	350~370	400~420	450~490
			Var=350	400~420	400~420	400~420	450~490

附录 N　LNGC 锚泊安全距离计算

N.1　基于走锚船舶碰撞概率的安全距离计算

基于走锚船舶碰撞概率可接受下的安全距离值如表 N.1 所示。其中在横向漂移范围为 100m 时,满足概率可接受标准的锚地至航道最小距离在 150~250m 左右;在横向漂移范围为 150m 时,满足概率可接受标准的锚地至航道最小距离在 200~300m 左右;在横向漂移范围为 200m 时,满足概率可接受标准的锚地至航道最小距离在 250~350m 左右,随着船舶吨位的增加而有所增加,增幅不大。总体来看,随着航道内船舶的分布集中程度变化,方差增大,对应最小安全距离增加。在他船分布情况相同的情况下,最小安全距离随着漂移距离的增加而增加,而他船船型大小变化对该距离的影响相对较小。

表 N.1　基于碰撞概率的锚地安全区域范围　　　（单位:m）

LNGC 纵向漂移距离/m	船舶吨级/DWT	航道内船舶分布函数方差 Var*									
		30	40	50	60	70	80	90	100	110	120
100	1000	153	161	169	177	185	194	202	211	219	228
	2000	159	167	175	183	191	199	208	215	223	232
	3000	159	167	174	183	191	198	207	216	224	233
	5000	162	170	178	186	194	202	210	219	227	235
	7000	163	171	179	187	195	204	211	220	228	238
	10 000	164	172	180	188	195	204	212	221	229	237
150	1000	202	210	218	226	233	241	249	257	265	274
	2000	208	215	223	230	238	246	255	263	271	279
	3000	208	215	223	230	238	247	255	263	271	279
	5000	210	219	226	234	242	249	258	266	274	282
	7000	212	219	227	234	243	250	258	267	275	283
	10 000	213	220	228	236	244	252	260	268	276	284

续表

LNGC 纵向漂移距离/m	船舶吨级/DWT	航道内船舶分布函数方差 Var*									
		30	40	50	60	70	80	90	100	110	120
200	1000	255	262	270	277	284	293	301	309	316	324
	2000	257	264	272	279	287	295	302	311	318	326
	3000	260	267	274	282	290	297	305	314	321	329
	5000	261	268	276	283	291	298	306	314	324	330
	7000	264	270	278	286	293	302	310	317	324	334
	10 000	265	273	281	288	295	302	310	320	326	335

*:船舶在航道横截面呈正态分布 $N(0, \text{Var})$，以 LNGC 锚地边界为原点。

结果整理如图 N.1 所示，表示船舶漂移距离在 100m、150m 和 200m 情况下的安全距离大小。

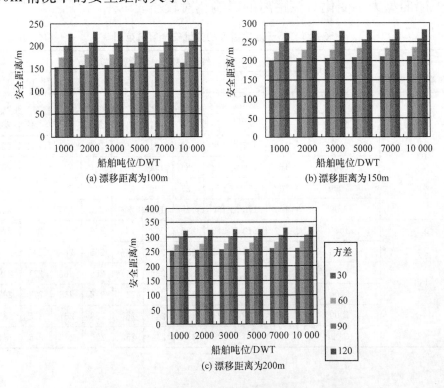

图 N.1 基于他船碰撞 LNGC 事故风险的安全距离

N. 2　基于走锚船舶碰撞风险的安全距离计算

表 N. 2　基于风险模型的锚地安全距离

船舶吨级/DWT	碰撞角度/(°)											
	60						90					
	他船速度/kn						他船速度/kn					
	≤7	8	9	10	11	12	≤7	8	9	10	11	12
1000	—	—	—	—	—	—	—	—	—	—	—	—
2000	—	—	—	—	—	—	—	—	—	—	—	200
3000	—	—	—	200	200		—	—	—	200	200	240
5000	—	—	—	200	220	270	—	—	200	230	280	330
7000	—	—	200	220	270	320	—	200	220	270	330	370
10 000	—	200	230	290	340	390	—	200	280	330	390	440

注:"—"表示碰撞能量不足以时 LNG 船舶泄漏,因此无基于火灾风险的计算结果。